KB049448

MATH WITHOUT NUMBERS by Milo Beckman
Copyright ⓒ 2021 by Milo Beckman
All rights reserved.

Korean Translation Copyright ⓒ 2021 by Sigongsa Co., Ltd.
This Korean translation edition is published by arrangement with William Morris Endeavor
Entertainment, LLC through Imprima Korea Agency.

이 책의 한국어판 저작권은 임프리마 코리아 에이전시를 통해 William Morris Endeavor
Entertainment, LLC.와 독점 계약한 ㈜시공사에 있습니다.
저작권법에 의해 한국 내에서 보호를 받는 저작물이므로 무단 전재와 무단 복제를 금합니다.

숫자 없는 수학책

하버드 천재 소년이 보여주는 구조와 패턴의 세계

마일로 베크먼 지음
고유경 옮김

시공사

일러두기

본문 중 ● 표시가 있는 문장에 대해서는 236~237쪽 '덧붙이자면…'에서 저자의 부연 설명을 확인할 수 있다.

이 책을 완성할 수 있도록 격려해준 에릭에게 바친다.

내 수학을 점검한 테일러, 나와 대화를 나눠준 포티아,
이 책에 생기를 불어넣은 M에게 감사하다.

수학자는 무엇을 믿을까?

우리는 수학이 흥미롭고, 참이며,
유용하다고 (이 순서로) 믿는다.

우리는 '수학적 증명'이라 불리는 과정을 믿는다.
그리고 증명으로 얻은 지식이야말로
중요하고 강력하다고 믿는다.

원리주의 수학자들은
식물, 사랑, 음악, **모든 것**을 (이론상)
수학으로 이해할 수 있다고 믿는다.

모형화

위상수학

해석학

대수학

학교 수학

수학 기초론

차례

위상수학

Topology

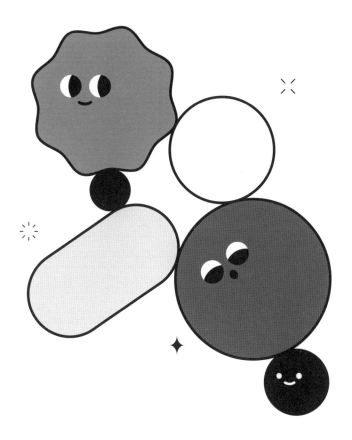

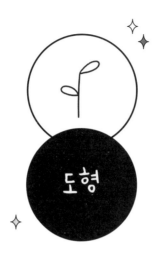

수학자들은 뭔가에 대해 오랫동안 생각하는 것을 좋아한다. 결국 그게 우리가 하는 일이다. 우리는 대칭이나 등식 같은 기본 단계에서 누구나 아는 몇몇 개념을 끌어내 조목조목 분석하며 더 깊은 의미를 찾는다.

도형을 예로 들어보자. 우리는 모두 도형이 뭔지 어느 정도 알고 있다. 어떤 물체를 보면 그게 원인지, 직사각형인지 아니면 다른 어떤 도형인지 쉽게 구별한다. 하지만 수학자는 이렇게 묻는다. "도형이란 무엇일까? 무엇 때문에 도형이라고 할까?" 당신은 모양별로 물체를 알아볼 때 그 물체의 크기나 색상, 용도, 사용 기간, 무게, 물체를 가져온 사람, 물체를 집으로 다시 가져가야 할 사람 등은 고려하지 않는다. 그렇다면 당신이 고려하는 건 뭘까? 당신이 뭔가를 원처럼 생겼다고 말한다면 대체 어떤 점을 알아낸 걸까?

물론 이런 질문은 아무 의미 없다. 당신은 실생활에서 직관적으로 모양을 이해하는 데 아무런 문제가 없으니까. '도형'이라는 단어를 얼마나 제대로 정의하느냐에 따라 삶의 중요한 결정이 달라지진 않는다. 도형은 그저 흥미로운 생각거리일 뿐이다. 만약 당신에게 여유로운 시간이 있고, 도형에 푹 빠져 그 시간을 보내고 싶다면.

당신이 그렇다고 해보자. 아마 스스로에게 이런 질문을 할지도 모르겠다.

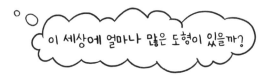

꽤 간단한 질문이지만, 선뜻 대답하기가 쉽지 않다. 이 질문을 보다 정확하고 간결하게 설명한 '일반화된 푸앵카레 추측Poincaré Conjecture'이 나온 지 한 세기가 훌쩍 넘었지만, 우리는 아직도 누가 그 질문에 답할 수 있는지 모른다. 수많은 사람이 이 질문에 열심히 매달렸고, 최근 한 전문 수학자가 이 난제를 상당 부분 해결해 백만 달러의 상금을 탔다. 하지만 미처 헤아리지 못한 수많은 범주의 도형이 고스란히 남아 있다. 따라서 우리는 이 지구상에 얼마나 많은 도형이 있는지 여전히 알 수 없다.

이제 질문에 답해보자. 이 세상에 얼마나 많은 도형이 있을까? 답을 찾아낼 뾰족한 수가 없으므로 일단 도형을 그려보며 그 도형이 우리를 어디로 이끄는지 두고 보는 편이 나을 것 같다.

이 질문의 답은 사물을 얼마나 정확하게 각각 다른 도형의 범주로 분류하느냐에 달려 있을 것이다. 큰 원은 작은 원과 같은 도형일까? '구불구불한 선'을 하나의 큰 범주로 생각해야 할까? 아니면 구불거리는 방식에 따라 분류해야 할까? 이러한 논쟁을 해결하려면 보편적인 규칙이 있어야 한다. 따라서 "얼마나 많은 도형이 있을까"라는 질문의 답은 그때그때 다른 잣대로 결론지을 수 없을 것이다.

우리가 선택할 수 있는 규칙이 몇 가지 있다. 규칙이 있으면 두 도형이 같은지 다른지를 판단하는 데 도움이 된다. 만약 당신이 목수나 기술자라면 길이와 각도, 곡선이 완벽하게 일치해야만 두 도형이 같다는 매우 엄격하고 정확한 규칙을 원할 것이다. 이런 규칙은 수학의 하나인 기하학으로 이어진다. 기하학의 도형은 정밀하고 정확하므로, 당신은 수직선을 그리거나 넓이를 계산하는 등 엄밀한 작업에 몰두한다.

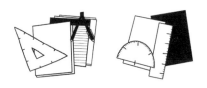

그러나 살짝 느슨한 규칙이 있으면 좋겠다. 우리가 가능한 모든 도형을 찾고 있긴 하지만 별별 모양으로 구불거리는 수천 개의 선을 자세히 살펴볼 시간은 없다. 두 가지 사물을 같은 도형으로 보려면 너그러운 규칙이 필요하다. 온갖 도형을 넓은 범주로 나누는 규칙이 있어야 그 수를 헤아릴 수 있다.

새로운 규칙

어떤 도형을 찢거나 붙이지 않고 늘리거나 줄여 다른 도형
으로 바꿀 수 있다면 두 도형은 같다.

이 규칙이 바로 위상수학Topology의 중심 개념이다. 위상수학이란
조금 더 느슨하고 몽롱한 기하학Geometry이라 할 수 있다. 위상수학
의 도형은 얇고 끝없이 늘어나는 물질이다. 그래서 껌이나 반죽처럼
요리조리 비틀고 잡아당기며 조작할 수 있다. 그래서 도형의 크기
따위는 중요하지 않다.

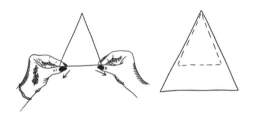

또한 정사각형은 직사각형과 같고, 원은 타원과 같다.

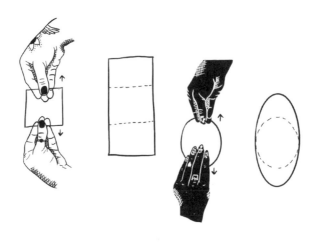

왠지 슬슬 이상해진다. '늘리고 줄이는' 규칙으로 도형을 나누면 원과 정사각형이 같은 도형이 된다!

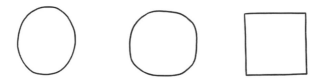

사랑하는 사람들에게 "수학에 관한 책을 읽고 정사각형이 원이라는 걸 배웠어!"라고 말하기 전에, 명심할 사항이 있다. 맥락이 중요하다. 위상수학으로 따지면 정사각형은 원이다. 그러나 예술이나 건축, 일상 대화, 심지어 기하학에서는 원이 아니다. 정사각형 바퀴가 달린 자전거를 타고 길을 나서면 얼마 가지도 못하고 금세 꼬꾸라질 것이다.

하지만 지금 우리는 위상수학의 세계에 있다. 우리가 이 세계에 있는 동안은 문지르면 사라질 뾰족한 모서리처럼 시시하고 하찮은 세부 사항은 신경 쓰지 않을 것이다. 길이나 각도, 곧은 모서리나 굽은 모서리, 삐뚤빼뚤한 모서리처럼 겉으로 드러나는 차이도 지나칠 것이다. 오로지 핵심적이고 근본적인 모양, 즉 도형을 도형답게 하는 기본 특징에만 집중할 것이다. 위상수학자들은 정사각형이나 원을 볼 때, 고리가 닫혔는지만 확인한다. 그 외의 모든 것은 단지 그 순간에 도형을 어떻게 늘리고 줄였는지를 알 수 있는 볼거리일 뿐이다.

즉 이렇게 묻는 것과 같다. "목걸이는 어떤 도형일까?" 목걸이를 한쪽으로 잡아당기면 정사각형이 되고, 다른 쪽으로 당기면 원이된다. 하지만 어떻게 잡아당기든 목걸이 고유의 모양이 있다. 근본적인 것은 변하지 않는다. 정사각형이든 원이든 팔각형, 하트, 초승달, 물방울, 칠백십육각형이든 상관없다.

목걸이 모양은 매우 다양하므로 원이나 사각형이라 부르는 건 그리 옳지 않다. 어쨌든 우리는 가끔 목걸이를 보고 원 모양이라고 하지만, 위상수학 식으로 부르는 공식 명칭은 'S-1'이다. S-1은 목걸이나 팔찌, 고무줄, 달리기 트랙, 순환도로, 도시를 둘러싼 해자나 국경(알래스카는 빼고), 알파벳 O, 대문자 D 또는 닫힌 고리 모양을 말한다. 정사각형이 직사각형의 독특한 형태이고 원도 타원의 독특한 형태이듯, 앞서 열거한 모든 모양은 S-1의 독특한 형태에 속한다.

다른 도형은 없을까? 늘리거나 줄이는 규칙이 너무 느슨하면 우리가 자칫 다양한 종류의 도형을 하나의 넓은 범주로 뭉뚱그려버리는 안타까운 일을 저지를 수 있다. 하지만 여기서 좋은 소식 하나! 우리는 그러지 않았다. 원과 다른 도형이 여전히 있다.

바로 선처럼.

선을 동그랗게 구부릴 수는 있지만, 완전한 원으로 만들려면 양 끝을 짤깍 맞붙여야 한다. 이건 규칙에 어긋난다. 선을 어떻게 조작하든 항상 양쪽 끝에 특별한 점이 두 개 있을 것이다. 바로 여기서 도형이 끝난다. 이 점들은 마음대로 없앨 수 없다. 물론 각 점을 이리저리 옮기면 간격은 서로 벌어지겠지만, 두 끝점은 이 도형의 변하지 않는 특성이다.

마찬가지로 8자 모양도 다른 도형에 속한다. 끝점은 없지만, 선이 교차하는 가운데에 특별한 점이 하나 있다. 보통 두 팔이 달린 다른 교점과 달리, 8자 모양 가운데에 있는 점에서는 네 팔이 뻗어 있다. 원하는 대로 늘리거나 줄여도 그 교점을 없앨 수 없다.

앞서 살펴본 정보를 곰곰이 생각하면, "이 세상에 얼마나 많은 도형이 있을까?"라는 첫 질문에 충분히 대답할 수 있다. 답은 무한이다. 이제 내가 증명해 보이겠다.

증명

이 도형들을 보자. 앞의 도형에 가는 평행선을 하나씩 추가하면 새로운 도형이 된다.

새로운 모양마다 이전의 모든 모양보다 교점과 끝점이 훨씬 많다. 즉, 각 모양은 분명 다르고 새로운 도형임이 틀림없다. 평행선을 계속 늘리면 서로 다른 모양들이 무한히 등장한다. 따라서 도형은 무궁무진하다.

증명 끝

고개가 끄덕여지는지? 이제는 서로 다른 모양이 무한히 등장하는 도형군을 찾기만 하면 된다. 새로운 모양을 한없이 만드는 방법은 뻔하다.

이 모양도 마찬가지다.

아니면 이런 모양이나,

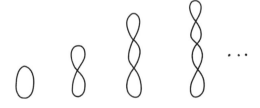

이런 모양도 무한히 만들 수 있다.

하지만 그 사실을 증명하더라도 기본 주장은 같다. 무한히 많이 있다는 걸 보여주려면 새로운 다른 예가 계속 등장하는 체계적인 과정을 묘사해야 한다. 이것이 바로 '무한족Infinite Family'이라 불리는 주장으로, 뭔가의 무한성을 보여주고 싶을 때 매우 흔히 사용되는 수학 도구다. 나는 이 도구가 꽤 설득력 있다고 생각한다. 당신이 이 말을 어떻게 반박할 수 있을지 잘 모르겠다. 영원히 더 많은 것을 만들 수 있다면 그 뭔가의 무한성이 있어야 한다.

나뿐만이 아니다. 모든 수학 공동체는 '무한족'을 타당한 수학적 증거로 간주한다. 이와 같은 증명 기법들은 많다. 같은 유형의 주장을 다른 맥락에서 적용해 다른 논리들을 증명할 수 있다. 수학을 많이 하는 사람들은 계속해서 등장하는 같은 형태의 논쟁을 알아차리기 시작한다. 우리는 모두 (대부분의 영역에서) 어떤 방법으로 논리를 증명하는 게 타당한지 잘 알고 있다.

당신이 이런 증명을 받아들인다면, 우리는 이제 처음에 등장한 "얼마나 많은 도형이 있을까?"라는 질문에 대답했다. 답은 '무한'이다. 딱히 흥미롭지는 않지만 이게 우리가 얻은 답이다. 일단 질문을 받고 교전 규칙이 정해지면, 답은 이미 결정된 거나 다름없다. 그냥 가서 그 답을 찾아야 한다.

당신이 묻고 싶은 첫 번째 질문이 항상 가장 흥미롭고 깨달음을 주는 대답으로 이어지진 않는다. 그런 일이 일어나면 그냥 포기하고 다른 생각거리를 찾거나, 아니면 더 나은 질문을 하면 된다.

다양체

도형이 너무 많아 일일이 추적할 수 없다 보니 위상수학자들은 주요 도형에만 집중한다. 바로 '다양체'다. 복잡하게 들리겠지만 실제로는 그렇지 않다. 사실 당신도 다양체에 살고 있다. 원, 직선, 평면, 구 등이 속한 다양체는 수학이나 과학에서 물리적 공간을 다룰 때 항상 주도적인 역할을 하는 것처럼 보이는 매끄럽고 단순하며 균일한 도형이다.

다양체가 워낙 단순하므로 지금쯤이면 수학자들이 다 찾아냈으리라 생각할지도 모른다. 하지만 아니다. 우린 찾지 못했다. 위상수학자들도 이 사실에 매우 당혹스러워하고 있다. 그래서 사람들이 다양체를 더욱 열심히 찾도록 백만 달러의 현상금을 내걸었다. 이 문제는 위상수학에서 해결되지 않은 가장 큰 수수께끼로, 한 세기가 넘도록 이 분야의 전문가들에게 즐거움과 좌절감을 동시에 안겼다. 바로 이 질문이다.

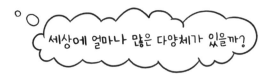

아니, 좀 더 정확하게 말하면 이렇다.

우리의 목표는 다양체를 일일이 세겠다는 게 아니라 있는 대로 모조리 찾아내 이름을 붙이고 종류별로 분류하겠다는 것이다. 우리는 온갖 다양체에 관한 안내서를 작성할 것이다.

그렇다면 다양체란 정확히 무엇일까? 다양체 자격을 얻는 규칙이 꽤 엄격하므로 대다수의 도형은 다양체에 끼지 못한다.

새로운 규칙

양 끝점, 교점, 경계점, 분기점 등 특별한 점이 없는 도형을 '다양체'라고 한다. 어느 다양체든 마찬가지다.

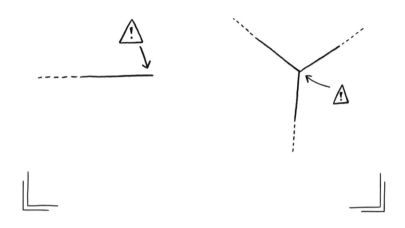

이 규칙에 따르면 지난 장에서 설명한 무한 도형군은 바로 제외된다. 가는 평행선이나 별표가 달린 도형은 다양체로 여기지 않는다. 그래야 "얼마나 많은"이란 첫 질문에 답할 수 있다. 즉, 셀 수 있는 정확한 수의 다양체가 존재한다는 뜻이다. 이걸 앞으로 우리가 확인해야 한다.

다양체의 뜻이 앞서 설명한 납작하고 철사 같은 도형에만 해당하는 건 아니다. 종이 비슷한 물질이나 밀가루 반죽 같은 물질로도 다양체를 만들 수 있다. 우리가 사는 우주는 어쩌면 3차원 다양체일 것이다. 물론 어디선가 딱 멈추거나 어떻게든 스스로 교차하는 물리적 경계선이 있다고 생각하지 않는다면 말이다.

하지만 일단은 끈이나 클럽처럼 생긴 철사 모양의 도형에 집중하자. 위상수학으로 말하면 이 도형들은 1차원이다. 비록 그 도형들이 그려진 종이는 2차원이지만. 여기서 중요한 건 다양체를 만드는 물질이다.

그렇다면 끈으로는 어떤 다양체를 만들 수 있을까? 선택의 여지가 그리 많지 않다. 게다가 우리 머릿속에 떠오르는 대부분의 끈 모양에는 특별한 점이 있다.

꼬임이나 구불거림, 모서리 등은 매끄럽게 다듬으면 되니 괜찮다. 진짜 문제는 양 끝점이다. 양 끝점을 어떻게 없앨까?

끈 모양 다양체는 두 가지뿐이다. 그 두 가지가 뭔지 모르겠다면, 잠시 허공을 응시하며 곰곰이 생각한 다음 아래 그림으로 넘어가 보자.

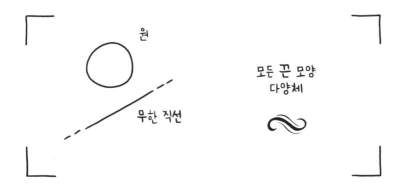

원

무한 직선

모든 끈 모양
다양체

원(S-1)과 무한 직선(R-1)은 1차원에 있는 유일한 다양체다. 양 끝점을 없애려면 한 바퀴 돌려 서로 만나게 하거나 끝없이 뻗어나가면 된다. 그리고 잊지 마시라. 위상수학의 모든 도형은 잡아당겨 늘릴 수 있으므로 닫힌 고리 모양과 영원히 계속되는 모양이 모두 포함된다. 말하자면 반드시 원이나 직선이 아니어도 된다.

1차원은 여기까지다. 생각보다 괜찮다! 이제 검색 범위를 많이 좁혔으니까. "얼마나 많은 모양"이란 질문 자체가 너무 광범위했지만, 적어도 지금까지는 이 질문을 감당할 수 있을 것 같다. 자, 이제 다음 차원으로 넘어갈 준비가 되셨나?

2차원에서는 종이 같은 물질로 만든 다양체를 찾아볼 것이다. 역시 중요한 건 물질이라는 사실을 기억하자! 이러한 다양체는 보통 3차원이라고 생각하겠지만, 2차원 물질로 만들어져 있다는 점이 중요하다.

그렇다면 종이 같은 물질로 어떤 다양체를 만들 수 있을까? 우리는 종이가 끝나는 모서리나 절벽이 없는, 즉 어느 지점에서 보든 종이 모양으로 생긴 다양체를 찾고 있다. 당신도 다양체에 산다고 했던 말 기억하시는지? 지구의 표면은 2차원 다양체인 '구'다.

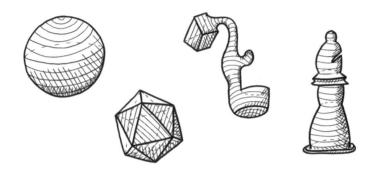

늘리거나 줄이는 규칙을 적용한다면, '구'는 모든 닫힌 곡면을 포함한다. 정육면체, 원뿔, 원기둥 등등. 하지만 용어에 조심하라! 수학에서 '구'는 속이 빈 도형을 가리키지만 '공'은 채워져 있는 도형을 말한다. 공은 3차원 다양체(밀가루 반죽 물질)이므로 일단 여기서는 넘어가자.

보통 구는 S-2라고 한다. S-1인 원을 평평하게 한 차원 끌어올린 도형이기 때문이다. 이와 같은 방법을 적용하면 그다음 종이 모양 다양체를 찾을 수 있다. 무한 직선과 동등하지만 차원을 한 단계 끌어올린 '무한 평면'이다.

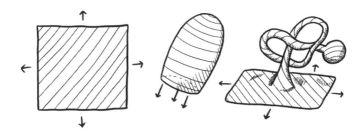

무한 평면은 R-2라고 불리며, 공간을 두 개의 무한 영역으로 나누는 모든 무한 표면을 포함한다.

지구가 평평하다고 생각하는 사람들이 있다는 걸 아시는지? 위상수학적으로 보면 말이 된다. 다양체에는 특별한 점이 없으므로 구글 스트리트 뷰로 보면 모든 점이 다른 모든 점과 똑같아 보인다. 살짝 굽어 보일 수도 있지만, 곡률이 아주 미세해 눈치 채지 못한다. 만약 당신이 종이 모양 다양체 위의 어떤 지점에 살든, 위치상 평지에 사는 것처럼 보일 것이다.

이 두 다양체 외에도 종이 모양 다양체는 더 있다. 차원이 늘어난다는 건 더 자유자재로 움직일 수 있다는 뜻이다. 짝을 이루는 끈 모양 다양체는 없지만 2차원 물질로 만들 수 있는 새로운 다양체가 있다.

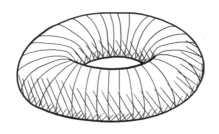

속 빈 도넛은 다양체다. 가운데 구멍만 봐도 새로운 다양체라는 걸 알 수 있다. 아무리 늘리거나 줄여도 구멍을 없앨 수 없다. 하지만 이 구멍은 매우 신기하다. 모서리가 단단하지 않다. 종이 한 장에 구멍을 냈을 때 생기는 특별한 점의 테두리가 아니다. 이 도넛 구멍은 그보다 훨씬 미묘하다. 게다가 오로지 밖에서만 볼 수 있다. 만약 도넛 모양 행성의 표면에 산다면, 주위에 구멍이 있다는 걸 결코 알아채지 못할 것이다. 마치 구나 평면에 사는 것처럼 보일 것이다.

이 새로운 다양체는 원환체torus 또는 'T-2'라고 불리며, 매끄러운 구멍을 가진 다양체는 모두 원환체에 속한다.

종이 모양 다양체 찾기는 여전히 계속된다. 게다가 구멍이 두 개인 원환체도 만들 수 있다.

이 말은 구멍이 세 개인 원환체, 네 개인 원환체 등등도 만들 수 있다는 뜻이다. 따라서 원환체 무리, 원환체 군은 무한하다.

그렇다. 다양체의 개수는 딱히 몇 개라고 정확히 셀 수 없다. 뭐, 괜찮다. 말 그대로 다양체를 일일이 찾으며 군이 셀 필요는 없으니까. 우리의 목표는 다양체를 **분류**하는 것이다. 우리는 가능한 모든 다양체 목록을 찾고 있다. 그리고 그 목록에 무한한 다양체가 들어 있어도 괜찮다. 이론 수학에서는 대부분 모든 게 무한하다고 판명되므로 그 무한성만 밝혀도 최선을 다한 것이다.

믿거나 말거나, 아직도 2차원 다양체는 끝나지 않았다. 종이 모양 다양체가 아직 더 남아 있다.

그런데 여기서 좀 사소한 문제가 생긴다. 다음으로 내가 소개하고 싶은 종이 모양 다양체는 매우 이상하다. 일단 그 다양체를 뭐라고 부르는지 알려주겠다. 바로 '실사영평면Real Projective Plane'이다. 하지만 그게 어떻게 생겼는지 보여줄 수 없다. 나도 그 생김새를 모르니까. 아무도 그 다양체가 어떻게 생겼는지 모른다. 왜냐하면 실사영평면은 우리 우주에 존재하지도 않고 절대로 존재할 수 없기 때문이다.

그 이유는 다음과 같다. 실사영평면이 존재하려면 최소 4차원이 필요하다. 물질에 상관없이 각 도형이 실제로 존재할 수 있는 최소 차원이 있다. 평면은 2차원에 딱 들어맞는다. 구는 3차원이 필요하다. 실사영평면은 4차원이 있어야 한다.

그렇다면 실사영평면이 존재하는지 어떻게 알 수 있냐고? 자, 내가 설명해주겠다.

원판이 있다고 상상해보자. 원판은 속이 꽉 찬 원이다. 종이 물질로 만들어졌지만, 다양체는 아니다. 가장자리에 수많은 점이 있기 때문이다. 하지만 원판이 두 개라면 가장자리를 따라 두 원판을 조심스럽게 꿰매 경계선이 하나도 없는 하나의 도형을 만들 수 있다. 그러면 다양체가 된다.

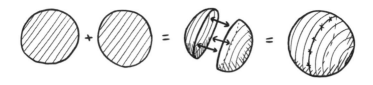

이 경우 그 다양체는 '구'다. 우리가 이미 구에 대해 알고 있으므로 실사영평면을 찾는 데 별 도움이 되지 않는다. 하지만 기본 개념은 매우 유용하다. 경계선이 같은 다양체 비스름한 두 도형을 함께 꿰매면 진짜 다양체가 된다.

이제는 한 번의 꼬임이 있는 얇은 종이 띠를 상상해보자. 이 띠에는 두 개의 경계선이 있는 것처럼 보이지만, 꼬임 때문에 사실 하나밖에 없다. 손가락으로 경계선을 따라가면 위쪽과 아래쪽을 쭉 돌아 다시 시작점으로 돌아가는 고리를 볼 수 있다.

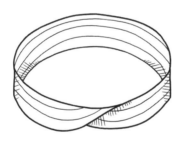

실사영평면을 찾는 계획은 이렇다. 원판의 경계선은 S-1(원) 모양이다. 이 꼬인 띠의 경계선도 S-1처럼 생겼다. 두 모양을 꿰매 새로운 다양체를 만들어보자.

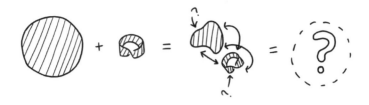

이 모양을 머릿속으로 상상하거나 손으로 요리조리 흉내 내보면 곧바로 난관에 부딪힌다. 원판이 몸을 비틀어 빠져나가야 하는데 절대 그럴 수 없다(특별한 점도 없다). 하지만 4차원에서 작업할 수 있다면 아무런 문제가 없을 것이다.

어떻게 그러냐고? 숫자 8을 생각해보자. 평평한 종이에 8을 그리면, 8이 스스로 엇갈린다. 하지만 교선 중 하나를 3차원으로 들어 올리면 엇갈리지 않을 것이다. 생각해보라. 딱 한 차원만 더 올려보자. 우리가 방금 만든 이상하게 뒤틀린 다양체를 3차원에 두면 서로 엇갈린다. 하지만 4차원을 통해 '들어 올릴' 수 있다면, 완벽하게 멋있고, 매끄럽고, 엇갈리지 않는 종이 모양 다양체를 얻을 수 있다.

참 특이하다. 이게 바로 실사영평면, 또는 줄여서 RP-2라고 한다. 실사영평면은 두 가지 면에서 독특하고 아리송하다. 구와 원환체는 안과 밖이 있지만, 실사영평면에서는 안과 밖이 뒤틀린 한 면이 있다. 만약 구나 원환체 위에 R자를 쓴 다음, 그 입체를 이리저리 미끄러뜨려도 R은 그대로 R처럼 보인다. 하지만 실사영평면에서 R을 한 바퀴 미끄러뜨리면 Я처럼 보일 것이다.

하지만 이 도형은 다양체다. 우리의 모든 규칙에 들어맞으므로 다양체 목록에 추가해야 한다. 이제 우리의 다양체 목록에 구, 평면,

모든 원환체 그리고 실사영평면이 있다. 그게 다일까?

아직 아니다. 실사영평면은 비틀리고 상상할 수 없는 무한한 공간에서 등장한다. 두 무리의 원환체를 섞어 두 개의 원환체를 새로 얻는 것처럼, 두 개의 실사영평면을 서로 섞으면 요술 항아리라고 불리는 새로운 다양체, '클라인 병Klein bottle'이 등장한다. 물론 4차원이 있어야 서로 엇갈리지 않는다. 세 개 또는 네 개의 실사영평면을 함께 섞을 수도 있다. 그러면 기묘하게 뒤틀린 입체를 무한히 얻을 수 있다.

결국 종이 모양 다양체의 전체 목록은 다음과 같다.*

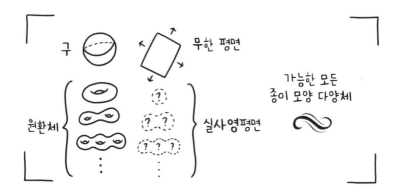

자, 그럼 이제 다른 또 다른 차원으로 올라갈 준비가 되셨나? 아니군. 사실 나도 그렇다. 다음 차원은 밀가루 반죽 물질로 만들어진 다양체라 가장 간단한 모양조차 상상할 수 없다. 단면이 구인 S-3, 즉 '초구hypersphere'처럼 말이다. 그러니 그만두자.

지금까지 모든 다양체를 분류하는 일이 어쩌다 역사상 가장 어려운 미해결 수학 문제 중 하나가 되었는지 확인해보았다. 놀라운 건 우리가 아는 게 빙산의 일각이라는 점이다. 10차원으로 올라가 꼼짝 못 하게 된 것도 아니다. 그 근처까지 가지도 못했다. 방금 살펴본 대로, 2차원만 넘어도 사방에 의문스러운 점이 생긴다.

현재 3차원 다양체, 밀가루 반죽 모양 다양체는 꽤 잘 이해되고 있다. 물론 그 경지에 도달하는 데만 백 년이라는 시간과 백만 달러의 상금이 필요했다. 그래도 우리는 여전히 더 낮은 차원에 있는 다양체처럼 깔끔하고 명확하게 도형들을 분류하지 못한다. 5차원 이상의 경우, 위상수학자들이 "수술 이론(매듭 이론)"이라고 불리는 일련의 기술을 적용해 새로운 다양체를 만들고 있다.

그러니 4차원만 남는다.

4차원에서 무슨 일이 일어나고 있는지 내가 말해줄 수 있으면 좋겠다. 아는 사람이 있는지조차 잘 모르겠다. 4차원은 참 이상한 경계에 있다. 차원이 너무 많아 시각적으로 표현할 수도 없고, 정교한 수술 도구를 사용할 수도 없다. 4차원 다양체를 조금이라도 알게 해준다는 이론서들이 있지만 나는 그 책들을 펼칠 때마다 아무것도 이해할 수 없었다. 자신은 학부생일 때부터 4차원 다양체를 알고 싶어 했지만 그만두는 게 낫다는 충고를 들은 적이 있다고 말해준 위상수학 전문가도 있다.

이 말은 특히 섬뜩하다. 우리 우주가 '시간'을 포함한 4차원 다양체로 가장 잘 모형화되었다고 생각하는 물리학자들이 많으니까. 그들이 옳다는 게 밝혀지면, 위상수학자들은 정신을 바짝 차리고 4차원 다양체를 찾아야 한다는 부담을 느낄 것이다. 우리가 단순히 우주가 어떤 모양인지 모른다는 게 아니다. 4차원 다양체가 분류되기 전까지, 우주는 우리가 미처 생각지도 못한 뜻밖의 모양일지도 모른다는 것이다.

차원

수학자들이 말하는 4차원은 시간이 아니다. 1, 2, 3차원과 마찬가지로 네 번째 기하학적 차원을 말하는 것이다. 위와 아래, 왼쪽과 오른쪽, 앞과 뒤 그리고 '이랬다 저랬다 하는' 차원이 있다고 치자. **그 새로운 차원** 말이다.

하지만 주위를 아무리 둘러봐도 우리가 사는 세상은 세 가지 공간 차원만 있는 게 분명하다. 내 말을 액면 그대로 믿지 말고, 증거를 보라. 감자를 작은 네모 모양 조각으로 자르려면 칼을 세 방향으로 잡아야 한다.

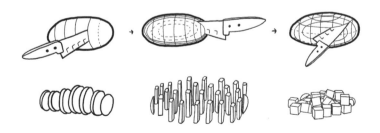

또 다른 방법으로도 알 수 있다. 오직 두 방향으로만 여행할 수 있다고 상상해보자. 공간 대부분은 출입 금지 구역이다. 두 방향 모두 평평한 면으로만 획 지나갈 수 있다.

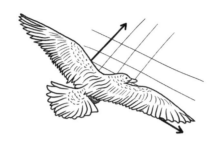

하지만 제3의 방향을 추가하면, 하늘 전체를 여행할 수 있다. 즉 3차원 공간을 가로지르려면 세 가지 방향이 필요하다.

하나 더 귀띔하자면, 아무 크기나 모양의 주전자를 생각해보자. 그 주전자를 정확히 두 배 크기로 복제한다면, 그 안에는 처음 주전자보다 딱 여덟 배의 물을 담을 수 있을 것이다. 각각의 치수가 정확히 두 배씩 늘어나기 때문이다.

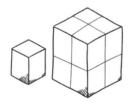 

아무리 봐도 차원은 세 가지뿐인 게 뻔한데, 상상 속의 4차원을

말해봤자 무슨 소용이 있을까? 그냥 다양체를 3차원까지만 분류하고 이쯤에서 그만두는 건 어떨까? 아마 두 가지 반응이 나올 듯싶다. 하나는 순수수학자에게서, 다른 하나는 응용수학자에게서 나오겠지.

순수수학자 입장에서는 질문 자체가 핵심에서 벗어나 있다. 우리는 다양체를 어딘가에 **쓰려고** 분류하는 게 아니다. 그저 얼마나 다른 형태의 다양체가 존재할 수 있는지 궁금할 뿐이다! 우리가 어쩌다 살게 된 세상에 스스로 구속될 필요는 없다. 수학은 무릇 일반적이고 보편적이다. 머릿속에 떠오른 이미지로 만들어지지 않는다. 그래서 우리에게는 세 개의 차원이 있다. 그리고? 손가락이 열 개니까 10까지만 세야 하나?

종이 모양 다양체 목록은 우리가 기록하기 전부터 이미 그 자리에 있었다. 게다가 우리 문명이 역사의 뒤안길로 사라진 후에도 그게 여전히 종이 모양 다양체의 완전한 목록일 것이다. 그런데도 단지 **쓸모없다는** 이유로 더 높은 차원에 어떤 다양체가 존재하는지 궁금하지 않다면, 당신은 처음부터 올바른 이유로 다양체를 찾고 있던 게 아니다.

그러다 응용수학자가 나타나 위상수학을 쓸모 있게 만들며 모든 걸 망친다.

사실 위상수학적 다양체를 알면 꽤 많은 맥락에서 유용하다. 그렇다, 심지어 훨씬 높은 차원에 있는 다양체들도! 이것 때문에 위상수학이 발전하고 오늘날에도 사람들이 위상수학을 연구하는 건 아니지만, 위상수학의 언어와 도구 모음은 현실 세계의 면모를 분석

할 때 꽤 자주 쓸모가 있다.

쓸모 있는 이유가 뭐냐고? 인간은 시각적인 사고를 하는 편이라 추상적인 생각을 시각적인 비유로 이해한다. 우리의 일상 언어에 시각적인 비유가 가득 차 있어 그런 비유를 쓰는지조차 알아차리지 못할 뿐이다. 당신은 계획을 '밀고 나아가고', 임대료가 '오르고', 끝없는 논쟁이 '원을 그리듯 맴돈다'고 말한다. 이러한 비유로 실생활의 문제를 위상수학 문제로 바꾸고 있다.

정치를 예로 들어보자. 정치 이념은 매우 복잡하다. 그래서 두 사람의 신념을 간결하게 비교하고 대조하는 방법이 항상 명확하지는 않다. 이 작업을 단순화하기 위해 보통 미국에서는 정치 이념을 좌파 우파로 나눠 진보적이고 자유주의적이며 평등주의적 이상은 좌파에, 전통적이고 보수적이며 자유지상주의적 관점은 우파에 둔다.

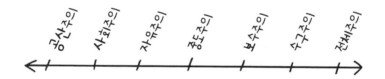

이 체계가 좌파와 우파를 완벽하게 나누지는 않지만, 시각적으로는 쓸 만한 비유다. 우리는 이제 간단하고 시각적인 용어로 "누가 노동자의 권리에 더 힘쓸까?"처럼 어렵고 다양한 질문을 할 수 있다. 물론 여기에는 많은 세부 사항이 빠져 있다. 현실 세계가 추상적인 위상수학만큼 깔끔하고 단순하게 굴러가지는 않는다. 하지만 중요한 문제는 대부분 그대로 존재한다.

이처럼 시각적 비유를 설정하고 나면, 위상수학의 모든 언어와 도구에 접근할 수 있다. 어떤 공간이 이념체계를 가장 잘 표현하는지 궁금할 것이다. 원일까, 무한 직선일까? 다시 말해 정치 이념은 돌고 도는 것일까, 아니면 항상 좌파나 우파로 더 멀리 나아갈 수 있는 것일까? 아니면 특별한 점이 있을까? '진정한 좌파'와 '진정한 우파'의 위치가 따로 있고, 모든 사람은 그 중간 어딘가에 있는 것일까?

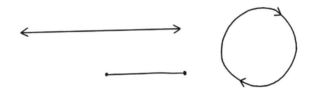

아니면 정치 이념에 단순한 좌우 축보다 훨씬 많은 차원이 있다고 생각해야 할지도 모른다. 어떤 이들은 자기 자신을 사회적으로는 자유주의적이고, 재정적으로는 보수적이라고 말한다. 그렇다면 그들의 이념 공간은 적어도 2차원적이라는 의미일 것이다. 그게 사실이라면, 우리는 어떤 2차원 다양체를 다루는 걸까? 두 축이 모두 평면처럼 무한히 뻗어나가는 걸까? 그러다 축 하나가 빙그르르 돌며 무한 원기둥을 만들까? 아니면 두 축이 모두 원환체처럼 둥글게 돌아갈까? (나도 안다. 두 축이 원환체처럼 둥글게 돌아가지는 않을 것이다.)

이 질문들은 단지 흥미로운 호기심 이상일 수 있다. 사람들의 이념과 관련된 구체적인 목표가 있다면, 즉 투표 결과를 예측하거나 국민 발의를 위한 지지자를 찾으려 한다면, 이념 공간에 관한 좋은 모델을 갖는 게 중요한 도구가 된다. 정치 캠페인은 여론조사를 통해 이념 공간에 걸친 유권자의 분포를 추정한 다음, 이러한 모델을 이용해 어떤 메시지를 전달할지 정하고 유권자를 확보한다. 정치학자들은 국회의원의 투표 기록을 활용해 향후 어떻게 투표할지 예측할 수 있는 일반적인 방법을 찾아내고 각 국회의원을 2차원 이념 공간에 자동 배치한다.

이게 바로 수학 밖에서 다양체의 분류가 적용되는 방법이다. 그저 딱 한 번 추상적인 수학 문제를 풀면 된다. 그러고 나면 어떤 주제를 토론하려고 시각적인 비유를 사용할 때마다 선택할 수 있는 공간의 목록이 매번 같다.

그래서 내가 힘주어 강조하고 싶은 사실이 있다. 우리는 **항상** 시각적 비유를 사용한다. 기온이 오르락내리락한다고, 수입이 낮거나 높거나 폭등한다고 말한다. 12월이 아직 저 멀리 있다고, 가까이 오고 있다고, 쏜살같이 빠르게 흘러간다고, 어느 틈에 지나가 우리 뒤에 있다고 표현한다. 이 모든 관용구는 어떤 시스템의 상태를 개념 공간의 점으로 나타내며 그 공간을 통과하는 물리적 움직임으로 시스템의 변화를 묘사한다.

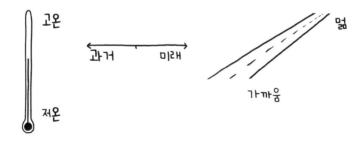

이 모든 예는 1차원적이지만, 여전히 흥미로운 위상수학적 질문들을 던질 수 있다. 온도는 양방향으로 영원히 연장될까, 아니면 절대 추위 또는 절대 더위가 있을까? 시간은 앞으로 영원히 계속될까, 아니면 우주 대붕괴가 일어날까? 아니면 순환하는 걸까? 그래서 오랫동안 끈기 있게 기다리면 우리는 먼 과거로 가게 될까?

훨씬 복잡한 개념을 설명하려면 고차원 다양체가 필요하다. 물론, 우리가 실제로 실사영평면이나 삼중 원환체, 또는 4차원에서 발견되지 않은 기이한 다양체 등(이러한 다양체가 물리학에서 가끔 나오기도 하지만, 내가 아는 한 그 정도에 그친다) 환상 속 다양체를 사용해야 하는 경우는 매우 드물다. 우리가 일상생활에서 접하는 시스템은 대부분 기본적이고 평평한 공간, 즉 1차원 선이나 2차원 평면, 3차원 공간 등으로 잘 설명된다. 우리가 어떤 시스템을 이해하려고 하는 이런 경우, 중요한 위상수학적 질문은 단 하나다. "대체 몇 차원일까?"

이것이 바로 여러 담론 분야에 걸친 많은 논쟁 아래 숨어 있는 질문이다. 우리 앞에 몇 가지 개념이 있다. 이게 대체 몇 차원일까?

성별을 이분법이 아닌 폭넓은 스펙트럼으로 본다고 하면, 그건 위상수학적 주장이다. 성별 공간이 0차원(두 개의 서로 다른 점)이 아니라 1차원(선)이라고 할 수도 있다. 어쩌면 고차원 공간이라 여성-남성 축이 다름을 나타내는 수많은 축 가운데 하나라 여길 것이다. 어떤 개념적 패러다임을 적용할지에 관한 질문은 때때로 차원에 관한 질문으로 요약된다.

이제 나는 이 장이 끝날 때까지 몇몇 개념적 공간의 예를 살펴보고 그 공간이 몇 차원인지 알아보려 한다.

성격부터 시작해보자. 분명 사람마다 성격이 다르다. 그래서 사람들의 성격은 비교될 수 있고 다양한 방식으로 점차 변하기도 해서 우리가 원하는 시각적 비유로 나타낼 수 있다. 그렇다면 성격의 차원은 무엇일까? 어떤 구성요소로 성격을 분류할 수 있을까?

성격을 분류하는 검사는 많다. 각 검사는 서로 다른 지적 전통에서 비롯되어 다른 목적으로 사용되고 다른 방식으로 평가된다. 널리 알려진 검사는 마이어스-브릭스 성격 검사MBTI로, 외향형-내향형, 감각형-직관형, 사고형-감정형, 판단형-인식형의 네 가지 축을 사용한다. MBTI에 비해 덜 알려졌지만 학자들이 선호하는 검사는 '빅 파이브Big Five' 또는 '오션OCEAN'이라 불리는 것이다. 이 방식에는 경험에 대한 개방성, 성실성, 외향성, 친화성, 신경증의 다섯 가지 차원이 있다. 그리고 점성술도 있다. 점성술은 다소 유동적인 열두 가지 성격 유형에 초점을 맞추는데 각 유형은 사람마다 다른 방식, 다른 정도로 나타난다. 어쩌면 12차원 같은 공간으로 주장할 수도 있을 것이다.

이들 중 어떤 검사가 정확할까? 글쎄, 어떤 검사도 그렇지 않다. 적어도 딱 부러지게 정확한 건 아니다. 내가 알기로 성격은 12차원으로도 설명할 수 없을 만큼 너무 복잡하다. 정치 이념과 마찬가지로, 완벽한 묘사를 찾길 바라지도 않는다. 우리는 그저 기본적인 것들만 얘기하고 싶기 때문에 성격을 설명하고 비교하는 공통 언어가 생긴 것이다.

어떤 검사도 완벽하지 않으므로 각 검사는 서로 다른 사람들이 저마다의 이유를 들어 다양한 방식으로 사용될 수 있다. 예를 들어

일부 광고주들은 오션 검사를 사용해 인터넷상의 표적 광고를 설계하고, 소심한 사람들을 부추기는 방법과 덜 소심한 사람들을 부추기는 방법을 달리해 제품을 설명한다. 이러한 목적이라면 오션 검사는 분명 잘 통한다. 하지만 성격에 관한 관심이 사람들의 구매 행동을 예측하기 위해 활용되는 게 아니라면, 다른 검사를 사용하면 된다.

이 말을 해두는 게 좋겠다. 이 모든 검사는 3차원이 넘는다. 그건 문제가 되지 않는다. 당신에게 훌륭한 3차원 검사가 있다면, 사람들을 각각 물리적인 3차원 공간 내의 점으로 나타낼 수 있다. 물론 4차원 이상의 공간은 그렇게 나타낼 수 없다. 하지만 12차원 공간을 실제로 그릴 수 없어도 그 공간이 무엇을 의미하는지는 상상할 수 있다.

훨씬 더 간단한 예가 있다. 수도꼭지 공간이 있다고 하자. 일반 수도꼭지에서 설정 가능한 차원은 몇 가지일까?

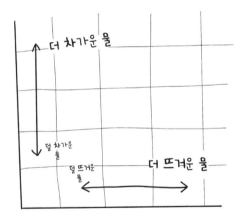

답은 두 가지다. 뜨거운 물의 양과 차가운 물의 양을 선택하면 수도꼭지의 설정을 충분히 설명할 수 있다. 이와 같은 시스템의 경우, 차원의 수는 다이얼이나 조절 장치의 수와 같다. 그래서 이따금 차원을 '자유도degrees of freedom'라고 한다.

하지만 잠깐! 수도꼭지 공간을 나누는 또 다른 방법이 있다. 어떤 수도꼭지는 두 개로 분리된 손잡이가 없다. 물의 양을 조절할 때는 위아래로, 온도를 조절할 때는 좌우로 움직이는 한 개의 손잡이가 있을 뿐이다.

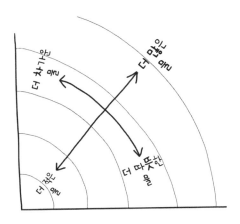

이 수도꼭지는 손잡이가 두 개인 수도꼭지와 정확히 같은 공간에 펼쳐진다. 따라서 두 수도꼭지는 물을 조절하는 설정이 똑같다. 서로 방법이 다를 뿐, 하는 일은 같다. 특정한 물을 설정하려면 온수와 냉수의 양을 지정하거나 총량과 온도를 결정하면 된다. 어느 쪽이든 좌표축은 두 개다. 따라서 2차원 공간이다.

또 다른 예를 들어보자. 나는 내 토스터에 스위치가 왜 세 개나 있는지 도통 모르겠다. 내가 아는 한, 통제할 수 있는 변수는 두 개다. 온도, 땡 울릴 때까지 걸리는 시간. 따라서 토스터는 2차원 공간이다. 그런데 왜 스위치가 세 개일까? 노릇하게 굽기, 직화로 굽기, 건열로 굽기의 차이점이 대체 뭘까?

부엌에서 빵을 굽는다고 생각해보자. 각종 조리법마다 밀가루, 버터, 달걀 등 재료의 양을 지정해두었고 오븐 온도와 시간도 정해두었다. 그러면 모든 조리법을 고차원 공간의 점으로 생각할 수 있다. 여기서 각 축은 재료 하나가 된다. 코코아 가루를 더 넣어 조리법을 바꾸면, 코코아 파우더 축을 따라 조리법 점이 더 멀리 이동한다. 오븐 온도를 올리면, 온도 축을 따라 점이 더 멀리 이동하면서 조리법이 새로워진다.

이러한 위상 모델에 있는 점들 중 대부분은 베이킹파우더 4.5리터에 달걀 하나 같은 완전 역겨운 조리법을 나타낼 것이다. 제빵 기술은 이 공간에서 각각의 점을 시험하고 어떤 조리법이 맛있는지 찾아보는 과정이라 생각할 수 있다. 이렇게 빵 굽기 공간에는 "쿠키"라고 불리는 영역, "케이크"라고 불리는 영역 그리고 그 안에 "파운드케이크"라고 불리는 더 작은 영역들이 있다. 물론 빵 굽기에 들어가는 변수는 단순한 재료 목록 이상으로 복잡하다. 예를 들어 버터를 첨가할 때는 버터가 얼마나 부드러운지, 반죽이 오븐에 정확히 어떻게 배열되었는지, 어떤 종류의 틀에 담겨 있는지 등이다. 하지만 이 변수들을 추가 차원으로 보태면 꽤 포괄적인 위상공간 모델을 만들 수 있을 것이다.

이제 당신은 왜 몇몇 핵심 수학자들이 온 세상을 하나의 큰 수학 문제라고 생각하는지 알 수 있을 것이다. 만약 우리가 기초적인 수학 개념으로 복잡한 개념을 꽤 잘 추정할 수 있다면, 누가 우리더러 살짝 복잡한 모델도 못 만들고 수학적으로 정확한 설명도 못 한다고 할 수 있을까?

훨씬 간단한 세 가지 예가 있다. 미각은 5차원으로, 우리 혀의 맛봉오리(미뢰)가 느끼는 5가지 맛에 해당한다. 바로 짠맛, 단맛, 쓴맛, 신맛, 감칠맛이다. 만약 이게 사실이라면, 당신이 먹어본 모든 맛은 짠맛의 양 더하기 단맛의 양 더하기 등등에 달려 있다. 약간 슬프고 환원적인 느낌이지만, 다른 한편으로는 5차원 공간에 얼마나 많은 여지가 있는지를 보여주는 좋은 증거다.

게다가 맛이 그 공간에 있는 하나의 점이라고 말하는 건 바람직하지 않다. 타코를 덥석 베어 물었을 때 단 하나의 점, 단 하나의 맛만 느끼는 게 아니다. 오히려 다양한 맛이 잇달아 획획 바뀌는 순간을 경험하게 된다. 그래서 어쩌면 각각의 맛은 미각 공간을 통과하는 길로 생각하는 편이 더 정확할 수도 있고, 다섯 가지 기본 맛을 벗어나 새로운 맛을 찾을 여지가 훨씬 많이 생길 수도 있다. 마찬가지로 우리의 청력도 하나의 변수(음정, 주파수)가 되어 사람들은 몇 분 동안 계속 음악 공간을 통해 우리를 끌어당기는 새롭고 아름다운 방법들을 생각해낸다.

색은 3차원이다. 아마 어렸을 적에는 색을 차원으로 배우지 않았을 것이다. 모든 색은 세 가지 원색을 서로 다른 양으로 조합해 만들어진다. 우리는 그 이유를 배우기도 전에 색 공간이 3차원이라는 걸 알게 되었다. 사람의 눈에는 서로 다른 색을 가진 세 가지 색 감각 수용체가 있어 각각 다른 빛의 주파수에 민감하다. 빨강 수용체도 살짝 진동하고, 초록 수용체도 살짝 진동하고, 파랑 수용체도 살짝 진동한다. 그러다 색깔이라 부르는 3차원 색 공간에서 한 점을 가려낸다.

이게 바로 컴퓨터 프로그램의 컬러 피커(색을 추출하는 도구)에 3차원 제어 기능이 있는 이유다. 컬러 피커는 이따금 빨랑, 초록, 파랑의 세 가지 슬라이더를 제공한다. 때로는 색상, 채도, 명도일 수도 있다. 또는 2차원 색상 원반과 명도 슬라이더를 주기도 한다. 수도 꼭지 공간과 마찬가지로, 좌표를 선택하는 방법은 여러 가지가 있지만 모두 같은 색상 공간에 걸쳐 있다. 차원이 깔끔한 이유는 어떤 좌표를 선택하든 각 공간에 일정한 차원이 있기 때문이다.

마지막으로 가장 기이한 예를 남겨두었다. 앞서 언급한 실제 공간들은 대부분 닫힌 고리나 뒤틀림 없이 기본적이고 평평한 공간으로 충분히 잘 설명된다. 훨씬 기이한 다양체들은 일종의 지적 호기심으로 여겨지곤 해서, 위상수학자들이 순수한 마음으로 그 다양체 전부를 찾는 원리를 연구하기도 했다. 하지만 그 뒤 물리적 우주 자체가 훨씬 기이한 공간 중 하나일 수도 있다는 사실을 깨닫기 시작했다.

알다시피 물리적 공간에는 3차원이 있다. 그리고 시간도 하나의 차원이다. 물리학의 일부 영역에서는 이 개념들을 하나의 통일된 것, 즉 시공간으로 함께 다뤄야 할 때가 있다. 친구와 만날 때 약속 시간과 장소를 함께 정하듯, 물리학자들은 시공간에서의 사건들을

4차원 좌표로 파악한다. 어쩌면 시공간이 일직선의 차원을 가진 표준 4차원 공간이라고 생각할지도 모른다. 하지만 그렇지 않다. 적어도 우리가 시공간을 표준 4차원 공간으로 설계하면 예측이 부정확해진다.

시공간이 원환체나 실사영평면처럼 휘거나 뒤틀린 공간이라면, 우리가 우주 전체를 생각할 때 현실이 어떻게 작용할지에 대한 직관이 무너질 것이다. 우주가 유한할 수는 있지만, 구의 표면처럼 경계가 있지는 않다. 우주가 팽창할 수는 있지만, 아무렇게나 팽창할 수는 없다. 빅뱅 이전에는 정말 아무것도 없을 수 있다. 북극 북쪽에 아무것도 없는 것처럼. 시간 여행의 가능성, 또는 우주의 한 부분에서 다른 부분으로 바로 데려가는 웜홀에 관한 질문은 결국 우리가 정확히 어떤 공간에 살고 있는지에 관한 물음이 될 것이다.

물론 위상수학자들은 이러한 '응용수학'의 헛소리에 전혀 신경 쓰지 않는다. 그들은 단지 온갖 모양을 찾는 데 전념할 뿐이다.

수학으로 보는 달과 태양

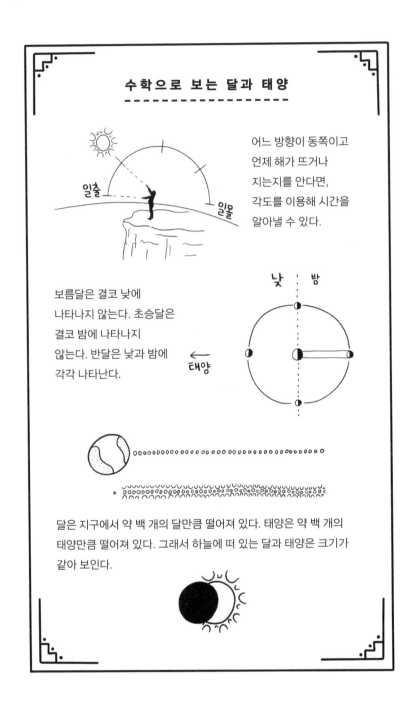

어느 방향이 동쪽이고 언제 해가 뜨거나 지는지를 안다면, 각도를 이용해 시간을 알아낼 수 있다.

보름달은 결코 낮에 나타나지 않는다. 초승달은 결코 밤에 나타나지 않는다. 반달은 낮과 밤에 각각 나타난다.

달은 지구에서 약 백 개의 달만큼 떨어져 있다. 태양은 약 백 개의 태양만큼 떨어져 있다. 그래서 하늘에 떠 있는 달과 태양은 크기가 같아 보인다.

정다면체

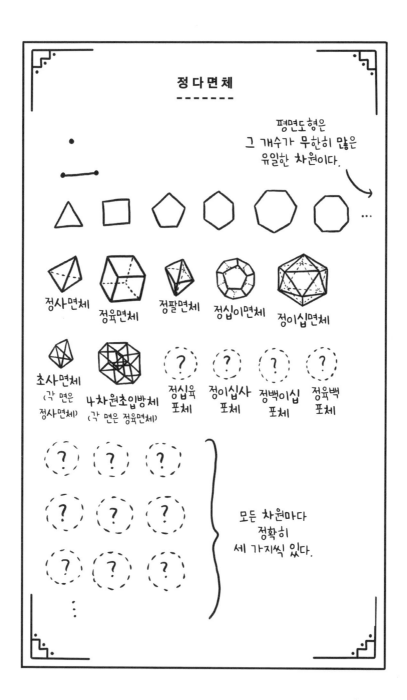

평면도형은 그 개수가 무한히 많은 유일한 차원이다.

정사면체 정육면체 정팔면체 정십이면체 정이십면체

초사면체 (각 면은 정사면체)

4차원초입방체 (각 면은 정육면체)

정십육 포체

정이십사 포체

정백이십 포체

정육백 포체

모든 차원마다 정확히 세 가지씩 있다.

원에 관한 몇 가지 사실

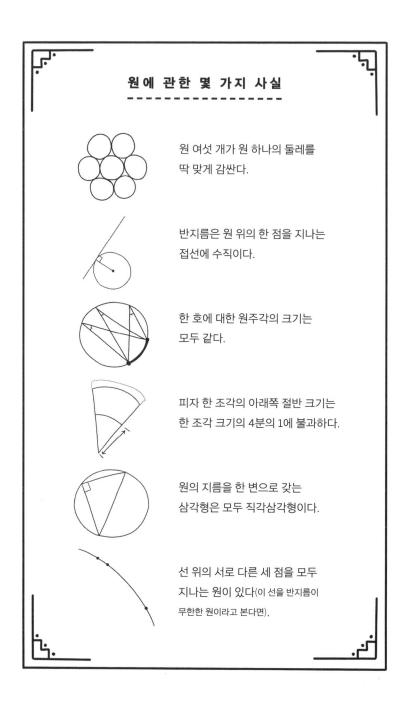

원 여섯 개가 원 하나의 둘레를
딱 맞게 감싼다.

반지름은 원 위의 한 점을 지나는
접선에 수직이다.

한 호에 대한 원주각의 크기는
모두 같다.

피자 한 조각의 아래쪽 절반 크기는
한 조각 크기의 4분의 1에 불과하다.

원의 지름을 한 변으로 갖는
삼각형은 모두 직각삼각형이다.

선 위의 서로 다른 세 점을 모두
지나는 원이 있다(이 선을 반지름이
무한한 원이라고 본다면).

해석학

Analysis

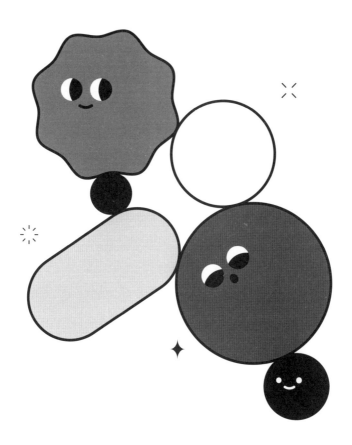

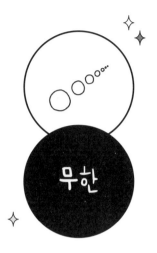

무한이 뭔지는 누구나 안다. 일단 모든 수보다 훨씬 크다. 숫자를 계속 세어나갈 때 멈추지 않고 영원히 셀 수 있는 상태다. 존재하는 모든 수를 통틀어도 뒤에 또 남아 있다.

사람들이 무한을 물을 때, 늘 궁금해하는 한 가지가 있다.

무한보다 더 큰 값이 있을까?

사실 이 질문의 답은 정해져 있다. 자유롭게 답하면 되는 질문도 아니고 교묘한 함정이 있는 질문도 아니니까. 답은 "예" 또는 "아니오" 둘 중 하나다. 어떤 답이 맞는지는 이 장이 끝날 때쯤 알려주겠다.

지금 당장 추측해볼 수도 있지만, 먼저 게임의 규칙을 정하자. 그래야 무슨 말인지 알 수 있을 테니까.

구체적으로 말하면 우리는 '더 크다'가 어떤 의미인지 정하는 규칙이 필요하다. 무한보다 더 큰 값을 발견했는지 어떻게 확신할 수 있을까? 유한한 양이라면 어떤 것이 다른 것보다 더 크다고 쉽게 말할 수 있다. 하지만 무한은 그리 분명해 보이지 않는다. 그렇다고 개인적인 판단을 따르고 싶진 않으니 어떤 양이 다른 양보다 '더 크다'는 걸 가늠하는 견고하면서도 아주 간단한 규칙을 정해보자.

자, 보통 셀 수 있는 평범한 상황에서는 '더 크다'를 어떻게 헤아릴까? 오른쪽 더미가 왼쪽 더미보다 크다는 건 무슨 뜻일까?

그렇다. 그림을 보면 완전 뻔하다. 하지만 미지의 행성에서 온 외계인을 만난다고 상상해보라. 그 외계인은 "더 크다", "더 많다", "훨씬 크다" 같은 말을 들어본 적이 없다. 그렇다면 오른쪽 더미가 더 크다는 걸 어떻게 설명할 수 있을까? 진짜로 한번 설명하려고 해보라. 알다시피 너무 기본적인 개념이라 처음부터 차근차근 설명하기가 사실 어렵다.

문제를 어떻게 풀어야 할지 막막할 때, 수학에서 흔히 쓰는 요령은 정반대의 질문을 던져 그 질문이 이끄는 대로 따라가는 것이다. 아래의 두 더미가 같은 크기라는 걸 외계인에게 어떻게 설명할까?

'같다'라는 단어에 섣불리 의지하면 안 된다. 그게 바로 우리가 정의하려는 뜻이니까. 외계인은 무언가가 '같다' 또는 '똑같다'고 할 때 그게 무슨 뜻인지, 왜 그런지 알고 싶어 한다.

외계인에게 '같다'라는 의미를 전달하려면 이렇게 해야 한다. 우선 더미를 일렬로 세우고 1대1로 짝을 이룰 수 있다는 걸 보여준다. 각 더미에 남는 게 없이 완벽하게 짝지을 수 있으므로 두 더미의 크기는 같다.

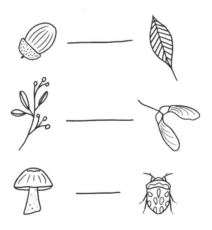

새로운 규칙

두 더미에 있는 물건을 남김없이 짝지을 수 있다면, 두 더미의 크기는 같다.

'정반대 질문'이 먹혔다. 규칙을 뒤집으면 '더 크다'라는 의미를 정확하게 설명할 수 있다.

새로운 규칙

두 더미를 완벽하게 짝짓지 못하면, 나머지가 있는 쪽이 '더 큰' 더미다.

이제 질문의 뜻도 명확하고, 답도 정해졌다. 무한보다 더 큰 게 있을까? '예' '아니오'로 답해보자. 어느 쪽일까? 무한 더미를 일일이 짝지으면 남는 게 있을까? 지금부터는 스스로 합리적인 추측을 할 때다.

바닥이 안 보일 만큼 무한한 양의 물건이 담긴 가방을 '무한'이라고 치자.

이 가방에서 유한한 양의 물건을 버려도 항상 무한한 양이 고스란히 남을 것이다.

그런데 어떻게 그보다 더 큰 게 있을까? 음, 무한에 한 개를 더하면 어떨까?

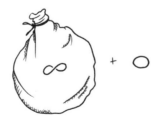

물건 한 개를 더한다고 해서 무한과 달라질 것 같진 않지만, 일단 하나씩 짝을 지어 확인해보자. 먼저 무한 가방에 든 물건들을 일렬로 늘어놓자. 그러면 무엇이 무엇과 짝을 이루는지 더 쉽게 볼 수 있다.

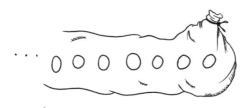

가방 속 물건들을 정확하게 하나씩 짝지으면 무한+1이 확실히 더 커 보인다.

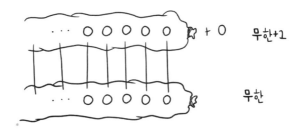

하지만 주의하라! 물건을 하나씩 짝지을 수 없을 때만 한쪽이 더 크다는 게 우리 규칙이다(항상 앞으로 돌아가 규칙을 확인하는 게 좋다). 양쪽 모두 남는 게 없이 짝을 지을 수 있는 다른 방법이 있다.

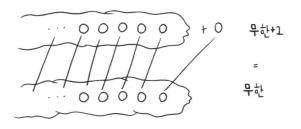

이 방법이 속임수처럼 보인다면, 잠시 멈춰 속임수가 아니라는 걸 확인하고 넘어가자. 우리는 가방 속 물건을 점-점-점으로 짝짓는 게 아니라, 점-점-점 뒤에 숨은 다음 물건과 짝짓고 있다. 두 개의 가방은 끝이 없으므로, 짝을 짓지 못하는 물건이 없다. 따라서 두 더미는 크기가 같다. 즉, 무한에 한 개를 더해도 무한이다!

이 결과가 얼마나 기묘한지 이야기로 설명해주겠다.

당신이 '무한 호텔'이라는 아주 특별한 호텔의 안내원이라고 상상해보자. 무한 호텔의 객실은 무한히 많다. 긴 복도에 객실 문이 줄지어 있고, 아무리 멀리 걸어도 문은 영원히 계속된다. 끝이 없는 복도라 '무한'이라는 객실 번호나 '마지막 객실'이 없다. 첫 번째 객실을 시작으로 모든 객실 다음에 또 객실이 있다.

오늘 밤은 특히 바쁘다. 호텔의 모든 객실이 꽉 찼다(당연히 이 세상에는 사람들도 무한히 많다). 내키는 만큼 복도를 걸어가 객실 문을 두드리면, "여기 사람 있어요! 방해하지 마세요!"라는 소리가 들린다. 무한개의 객실마다 무한 명의 투숙객으로 가득 차 있다.

그러다 누군가가 호텔 로비로 들어와서 묻는다. "방 좀 주실래요?"

무한 호텔에서 일하는 첫날도 아니므로 당신은 어떻게 해야 할지 잘 알고 있다. 방송 장치를 켠 뒤 각 객실에 알린다. "불편하게 해드려 죄송합니다만, 모든 투숙객은 객실을 한 칸씩 옮겨주세요. 곧장 짐을 챙겨 복도로 나가신 뒤 로비에서 멀어지는 방향의 객실로 한 칸씩 옮겨주시길 바랍니다. 감사합니다. 좋은 밤 보내세요." 당신의 요청대로 모든 투숙객이 한 칸씩 객실을 옮기면, 새 손님이 사용할 빈 객실이 생긴다.

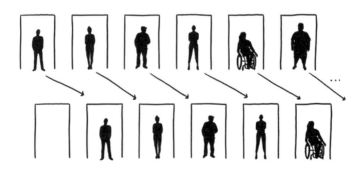

무한개의 객실, 무한+1명의 투숙객. 객실과 투숙객이 완벽하게 짝을 이룬다. 따라서 무한+1은 무한과 같다.

무한에 5를 더하든 1조를 더하든 마찬가지다. 어떤 경우든 같은 논리가 적용된다. 가방을 더 늘리거나 손님을 더 맞이해도 짝이 딱딱 맞는다. 무한이 너무 크기 때문에 유한과 비교조차 되지 않는다. 그래서 우리는 무한보다 더 큰 값을 발견하지 못했다.

무한+무한은 어떨까? 무한 가방 두 개를 무한 가방 한 개와 짝지을 수 있을까?

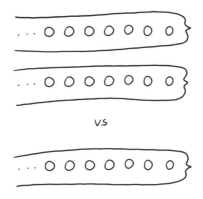

이번에는 아까처럼 '한쪽으로 이동'할 수 없다. 이 가방들 속 물건을 짝지으려면 새로운 전략이 필요하다. 어쩌면 짝짓는 게 불가능할 수도 있다. 드디어 우리는 무한보다 더 큰 값을 발견했다. 자, 어떤가?

그럼 무한 호텔의 조건으로 같은 질문을 던져보겠다. 다시 호텔 프런트로 돌아오자. 무한 호텔은 여전히 꽉 찼다. 이번에는 새로운 한 명이 아니라 완전히 새로운 무한 명의 손님이 로비에 들어와서 방을 달라고 한다. 이들 모두를 객실에 배정할 수 있을까? 무한+무한도 무한과 같을까?

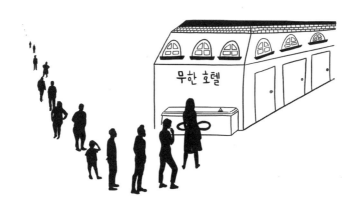

다시 말하지만, 객실을 한 칸씩 옮기는 똑같은 수법은 통하지 않을 것이다. 어떻게 하면 무한개의 문을 걸어가라고 할까? 첫 번째 투숙객은 결국 어디로 가야 할까? '무한+1호'가 없으니 객실을 옮기라고 할 수도 없다.

과연 가능할까?

물론 가능하다. 방법은 이렇다. 당신은 다시 안내 방송을 한다. "여러분, 사과드립니다. 첫 번째 객실에 있는 투숙객은 두 번째 객실로, 두 번째 객실에 있는 투숙객은 **네 번째** 객실로 옮겨주시겠습니까? 말하자면 로비에서 **두 배** 멀어지는 객실로 옮겨주세요."

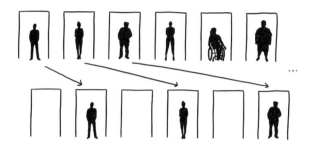

놀랍게도 모든 투숙객이 그대로 객실을 차지한다. 당신은 현재 투숙객들의 간격을 벌려 새로운 손님들을 위한 무한개의 객실을 얻었다. 객실 문에 번호가 있다면 홀수 번호 객실이 모두 비었을 것이다.

마찬가지로 무한 가방을 짝짓기할 때도 간격 띄우기 방법을 적용하면 된다.

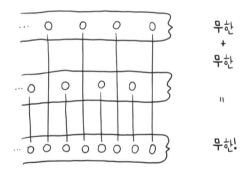

어쩌면 이 방법이 좀 과하다고 생각할지도 모른다. 뭐, 직관적으로 좀 이상한 느낌이 들긴 한다. 나도 그건 인정한다. 하지만 진심으로 무한을 얘기하고 싶다면, 당신의 직관에 의문을 품어야 한다.

무한의 두 배도 무한과 같다는 이상한 결과를 얻을 테니까. 수학자들은 바로 이런 증명 때문에 무한에 관한 연구를 가장 오래 거부했다. 오늘날 수많은 수학 선생님들은 무한이 숫자가 아니라고, 진짜 수학이 아니라고 말할 것이다.

하지만 그게 바로 수학의 진짜 비밀이다. 게임의 규칙을 미리 정해두면 무엇이든 연구할 수 있다. 그 의미를 분명히 알고, 이상할지도 모를 결과를 기꺼이 받아들일 수 있다면 무한을 연구할 수 있다. 이러한 관점에서 우리가 '같다'의 의미에 대해 정한 규칙에 따라 무한+무한은 무한과 같다. 마음에 들지 않는다 해도 이해한다. 그렇다면 다시 앞으로 돌아가 다른 규칙을 정한 다음, 다시 질문을 던져도 좋다. 나는 우리가 정한 규칙을 고수할 것이다.

무한+무한은 무한이다. 같은 논리를 적용하면 무한이 세 개든 천 개든, 여전히 그 크기는 모두 원래 무한과 같다. 이제 무한보다 큰 값을 찾는 건 포기해야 할까?

한 번만 더 생각해보자. 이번에는 무한×무한이다. 이 값은 무한보다 클까?

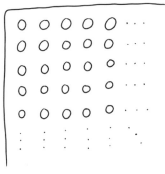

이 값을 무한 가방 한 개와 짝지을 수 있을까?

이번에는 바로 본론부터 말하겠다. 당신도 말할 수 있을 것이다.
짝지을 수 있다. 말이 필요 없는 증명이 여기 있다.

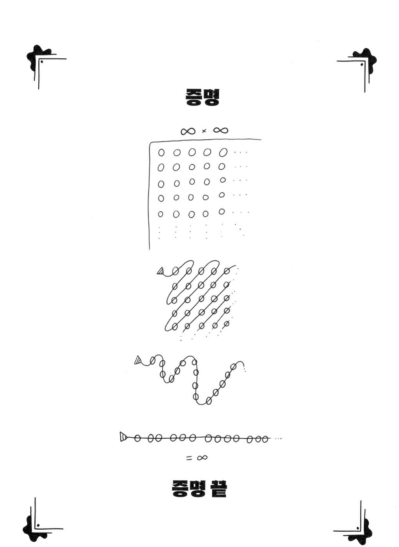

그렇다. 무한에 무한을 곱해도 무한과 같다. 우리는 아직 무한보다 더 큰 값을 찾지 못했다. 자, 이제 약속대로 중요한 질문의 답을 밝혀야겠다.

무한보다 훨씬 큰 값은 있다.

바로 '연속체Continuum'다.

무한이 1보다 큰 것처럼, 연속체는 무한보다 크다. 상상도 못 할 만큼 엄청나게 크다. 크기의 종류가 다르다. 커도 너무 커 일반 무한과는 비교도 안 된다.

연속체는 "연속 무한"이라고도 하며 보통 소문자 c로 나타낸다. 미학적으로 리본처럼 매끄럽게 연속으로 쭉 뻗은 구조를 연속체라 보면 된다. 연속체는 지난 장에서 각각의 물건이 든 가방으로 상상한 무한과 다르다. 그 무한은 가방에 든 물건을 하나씩 끄집어내 순서대로 배열할 수 있으므로 "셀 수 있는 무한"이라 한다.

연속체는 선에 있는 점의 개수다. 그 선이 유한하든 무한하든 상관없다. 중요한 것은 구조, 즉 점의 밀도다. 이 구조는 풍부하고, 가득하고, 두꺼운 유형의 무한이다. 아무리 가까이 확대해도 얇아지지 않는다. 작은 선 조각이라도 연속하는 점을 그대로 갖고 있다.

셀 수 있는 기존 무한과 비교하면 연속체가 얼마나 큰지 잘 알 수 있다. 셀 수 있는 무한은 정수와 같다. 정수는 무한 직선에 일정한 간격으로 놓인, 일렬로 늘어선 연속하는 점들의 모임이다. 이 점들로 2차원 좌표나 3차원 좌표 또는 4차원 이상의 좌표를 만들 수 있다. 그리고 서로 떨어진 점들이 아직 수없이 남아 있다. 점 사이의 간격을 1억분의 1 또는 100만분의 1까지 조여도 점은 여전히 떨어져 있는 데다, 어느 한 곳을 크게 확대하면 특정한 위치에 있는 점도 고를 수도 있다. 그 특정한 점이 셀 수 있는 무한이다.

이와 달리, 연속체는 그 사이에 있는 모든 점을 포함한다. **전부다.** 말하자면 서로 뒤섞여 있는 방대하고 매끄러운 점들의 바다다. 따라서 셀 수 없다.

또 다른 방법으로 알아보자. 수직선에 다트를 던졌을 때, 다트가 정수에 완벽하게 떨어질 확률은 0이다. 아주 작은 가능성조차 없다. 그냥 0이다. 정수와 정수 사이에는 무한히 많은 수가 있다.

여기서 수학이나 현실에서 많이 보이는 중요한 특징이 등장한다. 바로 '불연속' 대 '연속'이다. 몇 가지 익숙한 예를 들어보겠다.

불연속   연속

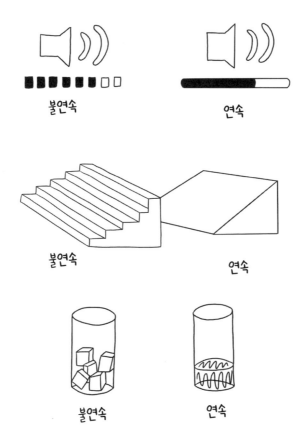

불연속   연속

불연속   연속

불연속   연속

모든 불연속 모임의 크기는 유한하거나 **셀 수 있는** 무한이다. 위의 모든 불연속 예는 유한하다. 하지만 의자가 끝없이 늘어서 있다고 상상해보라. 지난 장에서 설명한 가방과 같다. 각각 떨어져 있고 불연속이며 셀 수 있다. "앉을 자리가 얼마나 있나요?"라고 물으면 답은 무한, **셀 수 있는** 무한이다.

하지만 의자가 무한히 길거나 영원히 뻗어 있으면, "앉을 자리가 얼마나 있나요?"라는 질문의 답은 연속체 c다. 사실 어느 두 자리에

앉든, 두 자리가 서로 아무리 가까이 붙어 있든, 그 사이에는 앉을 수 있는 연속한 자리가 여전히 남아 있다.

다만 내 입으로 c가 무한보다 더 크다고 주장할 뿐이지, 우리 수학자들이 그 이유를 증명한 건 아니다. 그리고 지난 장에서 무한보다 훨씬 커 보였지만 실제로는 그렇지 않았던 것들도 많았다. 그렇다면 연속체가 사실상 무한보다 더 크다고 어떻게 확신할 수 있을까? 우리는 짝짓기 및 나머지 규칙을 이용해 그 점을 증명해야 한다. 무한과 연속체를 짝지을 방법이 없다는 걸 보여줘야 한다.

사실 불가능을 증명하기란 좀 까다롭다. 가능성을 증명하는 게 쉽다. 그냥 해보면 되니까. 어떤 것이 불가능하다고 증명하는 게 훨씬 어렵다. 그렇다고 그냥 몇몇 방법을 시도하다 포기해버린 채 "봤지? 안 되잖아"라고 쉽사리 말할 수도 없다. 훗날 누군가가 아주 영리한 방법으로 무한과 연속체를 짝지을 수도 있기 때문이다. 그러면 참 당황스러울 것이다. 따라서 우리는 결정적으로, 아주 단호하게, 이 두 가지 무한의 크기를 **짝지을 방법이 없다**는 걸 증명해야 한다. 두 가지 무한을 짝지으려는 모든 시도가 반드시 실패한다는 걸 증명해야 한다. 그래서 불가능을 증명하기가 어렵다.

나는 연속체가 무한보다 크다는 사실을 증명할 것이다. 하지만 이 장의 마지막까지 아껴둘 작정이다. 증명 과정이 좀 길다 보니 한참이나 '이게 뭐지?' 하고 빤히 쳐다보며 머리를 긁적거릴 수 있으니까. 아주 매력적인 증명이라 이 장에 포함하긴 했지만, 이 책에서 가장 어려운 증거라는 건 분명하다.

대신 당신을 사로잡을 또 다른 증명이 있다. 연속체와 관련된 팬

찮은 증명이다. 앞서 말했듯이 연속체는 유한한 선이든 무한한 선이든 항상 같다. 그 증명은 다음과 같다.

증명

유한 연속체와 무한 연속체가 있다. 유한 연속체를 반원 모양으로 구부린 다음 중앙에 X를 적는다. 무한 연속체는 그 아래에 있는 직선 위에 둔다.

이제 두 연속체를 어떻게 짝지을지 알아보자. 무한 연속체 위 임의의 점을 골라 자를 대고 X와 연결한다. 이 연결선은 유한 연속체 위의 한 점을 정확히 통과한다. 이제 그 교점과 무한 연속체 위에서 고른 첫 번째 점을 짝짓는다.

무한 연속체의 각 점은 유한 연속체의 각 점과 정확히 짝을 이룬다. 그 과정을 뒤집어도 마찬가지다. 어느 쪽이든 나머지가 없으므로 두 연속체는 같다.

 ## 증명 끝

어쩌면 당신은 연속체만큼 조밀하고 풍성한 객체가 현실에 존재할 수 있는지 궁금할 것이다. 영화나 컴퓨터 화면에는 연속체가 절대 있을 수 없다. 화면은 픽셀로 만들어지고 픽셀은 불연속적인 각각의 객체이기 때문이다. 이처럼 우리 세계가 작은 입자로 이루어져 있다면, 아마 '시간'을 제외하고는 그 어떤 것의 연속적인 무한은 절대 존재하지 않는다.

그래도 어찌 된 영문인지 연속체는 기본 연산 이외의 수학 영역에서 가장 쓸모 있는 녀석이다. 현대 과학과 경제학의 대부분은 연속하는 숫자를 합산해 유한한 답을 얻는 유일한 수학적 도구에 의지한다. 이 도구를 '적분integral'이라고 하지만, 나는 '연속체-합Continuum-sum'이라 부르겠다. 어차피 그 말이 그 말이니까.

연속체-합을 구하는 방법은 다음과 같다. 만약 당신이 곡선의 길이를 재고 싶다고 하자. 하지만 손에 쥔 건 곧은 자뿐이다.

주어진 곡선을 거의 똑바른 선분으로 구간을 나누고 각 구간의 길이를 더하면 곡선의 길이를 대충 짐작할 수 있다. 정확하지는 않겠지만, 원래 곡선 길이에 꽤 가까운 근삿값이 나올 것이다.

　곡선의 길이를 좀 더 정확하게 알고 싶다면, 곡선을 백 개, 심지어 천 개 정도의 훨씬 작은 구간으로 쪼개면 된다. 각 구간의 길이는 0에 가까운 아주 작은 값이겠지만, 소수점 자리를 지키며 신중히 더하면 실제 길이와 '매우 가까운' 값을 얻을 수 있을 것이다.

　하지만 수학자에게는 '매우 가까운'이라는 값이 여전히 탐탁지 않다. 우리는 '정확한' 길이를 알아야 한다. 그래서 불가능해 보이는 작업을 한다. 그 곡선을 아주 작은 점 조각들로 이루어진 연속체 조각으로 잘라내고, 어떻게든 연속체-합으로 그 조각들의 길이를 모두 더한다.

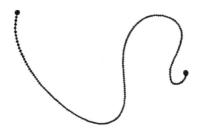

　믿든 안 믿든, 이 길이는 우리가 실제로 구할 수 있는 실제 값이므로 유한한 답이 툭 튀어나온다. 0이나 무한이 아닌, 6이나 파이(π) 같은 정확한 길이가 나온다.

참 깔끔한 방법이다. 게다가 대부분의 수학적 도구처럼 보편적이고 추상적이라 겉보기에 서로 아무 상관없는 많은 맥락에 적용될 수 있다. 몇 가지 예를 더 살펴보겠지만, 연속체-합이 얼마나 다양하게 적용되는지는 일일이 알려줄 수 없다. 사방에 널려 있으니까.

다음 예는 첫 번째 예와 비슷하다. 하지만 이번에는 물방울처럼 생긴 연못의 넓이를 구해보자. 직사각형의 넓이를 계산하는 건 쉽지만, 연못의 모양은 직사각형이 아니다. 따라서 이 연못을 가는 조각으로 잘라내야 넓이를 짐작할 수 있다. 각 조각은 직사각형에 꽤 가까운 모양이 될 것이다.

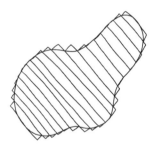

하지만 정확한 넓이를 알고 싶다면, 선처럼 가느다란 연속체 조각으로 쪼개, 각 조각의 최소 넓이를 구한 뒤 연속체-합으로 모두 더하면 된다.

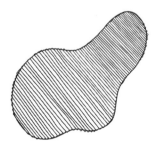

무수히 많은 점의 연속체-합은 선이 되고, 무수히 많은 선의 연속체-합은 넓이가 된다.

다음은 앞서 살펴본 내용과 꽤 달라 보이는 예를 들어보겠다. 하지만 자세히 들여다보면 궁극적으로는 비슷한 일이 벌어지고 있다. 당신이 한 시간째 운전 중이라고 상상해보자. 당신이 탄 차에는 속도계밖에 없고 거리를 추적하지 않는다. 문득 당신은 시간당 얼마나 달렸는지 알고 싶다. 과연 알 수 있을까? 어떻게 하면 될까?

한 시간마다 속도계를 한 번씩 본다면 (아주) 대강의 속도를 짐작할 수 있으므로, 그 추정 값을 한 시간 내내 유지한 일정 속도라고 가정할 수 있다. 하지만 그 속도는 썩 좋은 추정 값이 아니다. 만약 천천히 출발하고 시간이 지날수록 속도를 높였다면? 당신은 주행 전체를 대표하지 않는 어느 순간에 속도계를 확인했을 수도 있다.

시간을 더 짧은 순간으로 쪼개면 총 달린 거리를 훨씬 잘 추정할 수 있다. 주기마다 한 번씩 속도계를 확인하면 그 주기 동안 달린 거리를 구할 수 있다. 각 주기에 달린 거리를 모두 더하면 한 시간 동안 얼마나 멀리 달렸는지 알 수 있다.

시간을 점점 더 작게 쪼개면 추정 값은 점점 더 좋아진다. 한번 생각해보자. 매초 속도계를 확인하면 아마 각 초 내내 속도가 거의 일정하게 유지되고 있을 것이다.

이 예가 곡선 및 연못의 경우와 왜 비슷할까? 시간을 계속 연속적인 순간으로 쪼개면 정확한 답을 얻을 수 있다. 그리고 연속체-합으로 각 순간의 속도를 더한다. 점의 연속체-합은 선이고, 선의 연속체-합은 넓이이며, 속도의 연속체-합은 거리다.

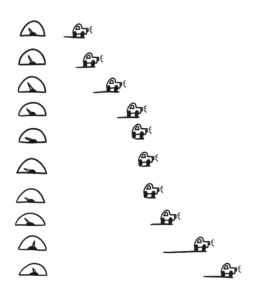

이와 같은 전략을 이용하면 속도로 거리를 계산할 수 있을 뿐만 아니라, 변화율만으로도 어떤 총량을 구할 수 있다. 만약 숲 덮개(원시림의 상태를 판단하는 단위-옮긴이) 면적의 **총 감소율**을 알고 싶고 주어진 정보가 **삼림벌채율**뿐이라면, 연속체-합을 이용해 구할 수 있다.

물론 삼림벌채율이 시간이 흐를 때마다 일정하다면(하루에 세 그루 씩), 굳이 공들일 필요가 없다. 삼림벌채율과 날수를 곱하면 총 감소율을 바로 구할 수 있다. 삼림벌채율이 변하고 있다고 해도, 자른 나무 수를 매일 기록했다면 여전히 그 값을 더해 총 감소율을 구하면 된다. 삼림벌채율이 아주 짧은 순간마다, **연속적으로** 변할 때만 연속체-합이 필요하다.

따라서 연속체-합은 물리학이나 공학 같은 분야에서 특히 유용하다. 온도, 유수량, 연료량, 속도, 전류 등 계속해서 변화하는 양을 다루기 때문이다. 하지만 워낙 편리한 도구다 보니 사람들은 심지어 불연속적으로 1센트씩 변하는 은행 계좌 또는 불연속적으로 한 마리씩 태어나는 동물 개체 수처럼 불연속적인 양에도 연속체-합을 이용하는 방법을 찾아냈다. 만약 '재산'이나 '개체 수'가 연속적인 양이라면, 물리학자나 공학자가 쓰는 똑같은 방법으로 예측하면 된다. 단, 마지막에 정수로 반올림해야 한다는 걸 기억하시라.

자, 이제 끈기 있는 기다림에 보답할 차례가 되었다. 연속체가 무한보다 크다는 증명은 다음과 같다.

증명

우리는 연속체와 불연속적인 무한을 짝지으려는 모든 시도가 실패할 것이며, 연속체 쪽에 나머지가 있다는 걸 증명하

려 한다. 즉, 연속체의 점들은 무한 목록에조차 넣을 수 없
다는 사실을 보여줄 것이다.

여기서는 길이가 유한한 연속체를 이용할 것이다. 크기는
중요하지 않다는 점을 명심하라. 우선 연속체 위의 각 점에
이름을 붙이자. 각 점의 이름은 해당 점의 위치를 알려주는
주소가 될 것이다. 첫 번째 글자는 점이 왼쪽 또는 오른쪽
절반에 있다는 뜻이다. 따라서 L 또는 R로 표시된다. 두 번
째 글자는 점이 **그 절반**의 왼쪽 또는 오른쪽 절반에 있는지
알려준다. 그리고 계속해서 그 점에 가깝게 확대하면 L과 R
이 각각 늘어난다.

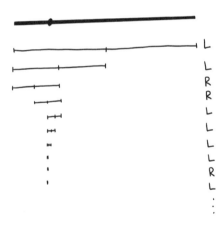

L과 R이 적힌 유한한 문자열은 줄의 연속 영역을 좁힐 때마
다 계속 늘어난다. 하지만 LR 주소가 무한히 길면 점의 정
확한 위치를 알 수 있다. 각 점에는 고유한 LR 주소가 있으
며, 각 LR 주소가 고유한 점을 찾아낸다.

우리는 모든 LR 주소를 목록에 넣을 수 없다는 사실을 보여줄 것이다. 심지어 무한 목록에도 넣을 수 없다. 당신의 경쟁자가 무한 목록을 들고 와 모든 LR 주소가 그 안에 있다며 큰소리친다고 상상해보라. 물론 우리는 그들이 틀렸다고 생각한다. 하지만 왜 그런지 증명해야 한다.

경쟁자들이 어떤 목록을 내놓든, 우리는 그 목록에 빠진 점 (즉, LR 주소)을 찾을 수 있어야 한다.

이렇게 하면 된다. 경쟁자 목록의 처음부터 시작하자. **첫 번째** 주소의 **첫 번째** 문자가 뭐든, 그 반대 문자를 적어라. 그런 다음 **두 번째** 주소의 **두 번째** 문자가 뭐든, 역시 그 반대로 적어라. 무한 대각선 아래 방향으로 계속 이렇게 적는다.

완벽한 목록이 아님을 증명하는 빠진 점의 주소

당신은 이제 모든 LR 주소를 적었다. 우리는 이 LR 주소가 경쟁자 목록에 빠져 있다고 주장한다. 어떻게 알 수 있을까? 음, 경쟁자들은 (적어도!) 첫 번째 문자에 동의하지 않기 때문에 경쟁자 목록에 있는 첫 번째 주소가 될 수 없다. 두 번째 문자에도 동의하지 않기 때문에 그 목록의 두 번째 주소가 될 수 없다. 십억 번째 문자 역시 틀렸으므로 그 목록의 십억 번째 주소가 아니다.

그 주소는 경쟁자 목록 어디에도 있을 수 없다. 당신의 경쟁자가 어떤 목록을 건네든 상관없다. 이 방법을 이용하면 언제든지 빠진 점을 찾아낼 수 있다. 물론 경쟁자들이 우리가 놓친 주소를 가져와 맨 위에 넣더라도, 우리는 그 과정을 다시 거치며 새로운 주소를 찾으면 된다.

그래서 연속체에 있는 모든 점을 목록에 넣을 수 없다. 심지어 무한 목록에조차. 선 위의 점의 개수는(그 선이 아무리 유한한 선이라도) 사실상 무한보다 클 수밖에 없다.

증명 끝

내게는 참 흥미로운 증명이다. 어떻게 보면 살짝 빙빙 둘러 가거나 거슬러 올라가는 증명 같으니까. 각 단계가 꽤 설득력 있다. 나는 점이 주소로 바뀌는 과정과 대각선 방법의 원리를 확인했다. 그리고 어쨌든, 당신은 논리적인 사고로 무한에 대해 놀라운 사실을 증명했다. 그저 L과 R을 얘기하는 것만으로도.

이 증명을 따르면 정말로 무한보다 더 큰 무언가가 있다. 유한과 무한만 있는 게 아니라, 그 위에 또 다른 단계가 있다. 그래서 수많은 의문이 생긴다. 무한과 연속체 사이에는 뭐가 있을까? 아니면 연속체가 '그다음' 큰 것일까? 아니면 연속체보다 더 큰 게 있을까? 무한한 크기는 몇 가지나 있을까? 유한한 수나 무한한 수의 무한이 있을까? 그게 무한이라면… 어떤 종류일까?

이 질문 중 일부는 답이 있고 일부는 답이 없다. 첫 번째 질문(무한과 연속체 사이에 뭐가 있을까)은 가장 이상한 질문으로 밝혀졌다. 그건 정말 예 또는 아니오, 있다 또는 없다 중에서 답해야 할 것 같다. 하지만 누군가가 답을 찾아내 증명했다. 예도, 아니오도 아니었다.

아무도 모르는 사실이 있다. 참과 거짓 사이에 더 전위적인 세 번째 상태가 있다. 하지만 아직은 알려줄 수 없다.

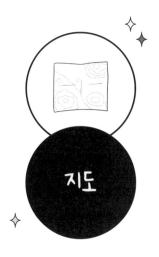

솔직히 털어놔야겠다. 엄밀히 따지면 지난 두 장의 내용은 대부분 해석학으로 분류되지 않는다. 오히려 해석학의 서막에 가깝다. 사실 해석학은 기자가 모음과 자음을 다루듯 무한과 연속체를 다룬다. 다시 말해, 무한과 연속체가 해석학에 있으므로 그 의미와 원리를 알아야 하긴 하지만 실제로는 이것들이 해석학의 중심은 아니다. 해석학은 대부분 지도에 관한 내용이다.

　보통 일상적인 의미로 지도는 실제 장소와 사물을 점이나 기호로 나타내는 그림이다. 지도에 그려진 것은 그저 종이에 그린 그림이 아니라 도시나 지하철역 또는 비상구다. 지도를 단순한 그림이 아닌 지도로 만드는 건 바로 이러한 대응 관계다.

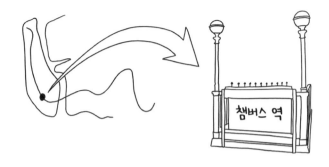

그 밖에도 융통성을 발휘하면 지도가 될 수 있는 게 참 많다. 지도의 모양은 대응 관계가 그대로 존재하는 한 실제 모양을 따르지 않아도 된다.

점이나 기호는 물리적 대상이나 장소에만 대응하지 않는다. 시간, 사건, 가격 등 거의 모든 것을 가리킬 수 있다. 폭넓은 의미로 "지도"는 대응 관계만 있으면 된다.

일상에서 사용하는 지도는 대부분 각 대상의 의미를 그림에 직접 표시한다. 만약 어떤 점이 부에노스아이레스를 상징한다면, 점 옆에 "부에노스아이레스"라고 적으면 된다. 그러면 그 점이 뭘 뜻하는지 바로 알 수 있다. 훨씬 복잡한 지도에서는 점의 뜻을 이해하기가 늘 쉽지는 않다. 만약 수백 또는 수천 개의 점에 의미를 부여한다면, 지도 위 상황이 바로 어수선해진다. 의미 표시를 하나 마나다.

보여줄 정보가 무한하거나 심지어 연속적이라면 그 의미를 훨씬 잘 전달하도록 지도를 그리는 다른 방법들이 있다. 예를 들어 열 지도다. 책상이나 벽 또는 평평한 표면을 보라. 그 표면의 각 지점은 특정 온도를 갖고 있다. 지점마다 살짝 다르지만, 표면 위 임의의 지점에 매우 민감한 온도계를 대고 누르면 정확한 온도가 나타날 것이다.

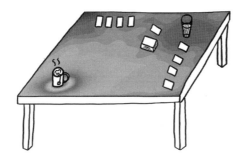

온도 정보를 알려줄 지도는 어떻게 그리면 될까? 각 지점에 일일이 온도를 적는 건 별로 실용적이지 않을 것이다. 우리는 여기서 점 연속체를 다루고 있다. 좀 더 창의력을 발휘해야겠다.

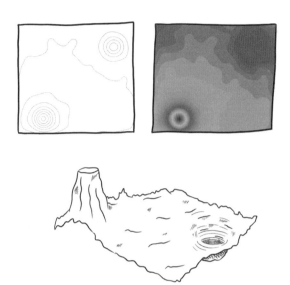

더 뜨거운 지점이 훨씬 밝은 색을 띠도록 색칠해 구분하면 된다. 그 영역을 거의 같은 온도로 나뉘는 등고선으로 그릴 수도 있다. 아니면 온도를 차원으로 나타낼 수도 있다. 뜨거운 점은 더 높은 차원으로 차가운 점은 더 낮은 차원으로 표시하면 된다.

어떤 방식을 선호하든, 각 지도가 제공하는 기본 정보는 같다. 여기서 관찰해야 하는 건 위치와 온도 사이의 대응 관계다. 책상 위 각 지점에 값이 할당된다. 수학자들은 보통 이렇게 쓴다.

지도: 책상 위 지점 → 온도

이처럼 세 가지 유형의 지도는 다른 상황에서도 적용할 수 있다. 좋은 등산 지도는 지역에 걸쳐 고도가 어떻게 변하는지 보여줘야 한다. 열 지도와 비슷하다. 지도의 각 지점은 어떤 값과 대응한다. 따라서 고도 정보를 색깔로 구분하거나 등고선을 그리거나 3차원으로 나타내면 된다(3차원 지도에는 글자로 나타낸 물리적 설명이 있다).

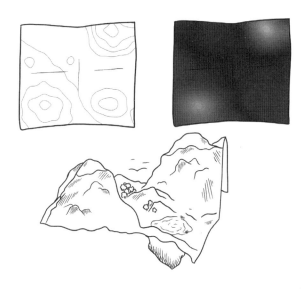

이와 같은 지형도에서는 보통 등고선을 사용하며 각 등고선에 해발고도를 표시한다. 하지만 세 가지 지도가 나타내는 기본 데이터는 같다.

지도: 지역의 지점 → 해발고도

열 지도와 지형도에 같은 지도 유형을 적용할 수 있는 이유가 있다. 두 경우 모두 2차원 평면을 선 축척 지도로 나타낼 수 있다. 기본 구조가 같다면 무엇이든 같은 방식을 적용할 수 있다. 세 가지의 지도 어디에서든 시각적으로, 직접 표면에 표시하면 된다.

연간 강우량, 수심, 오염물질 농도, 인구 밀도 등 지역마다 다른 값도 선 축척 지도로 그릴 수 있다(도시의 인구밀도를 나타낸 3차원 지도는 실제 도시의 스카이라인과 매우 비슷할 것이다). 이 모든 상황에서 우리에게 흥미로운 자료는 2차원 평면에 있는 지점과 1차원 연속체에 있는 점 사이의 대응 관계다. 일반적인 자료 구조는 다음과 같다.

지도: 평면 → 선

하지만 지도로 그리고 싶은 많은 것이 이 방식에 맞지 않는다 지도를 제대로 파악할 수 없다. 온도와 고도처럼, 모든 게 선으로 나타낸 지도에 딱 들어맞는 건 아니다.

예를 들면 바람처럼 말이다. 기상학자들은 지도에 바람을 나타내야 하지만, 주어진 위치와 시간대에 있는 '바람'은 단지 색깔로 구분할 수 있는 양이 아니다. 바람에는 속도도 있지만 방향도 있다. 이 정보를 제공하는 자연스러운 방법은 화살표다. 화살표의 길이가 바람의 세기를 나타낸다.

이게 바로 벡터 지도다. 공간에 있는 각 지점은 방향 및 세기와 대응한다. 벡터 지도는 바람을 일으키는 공기의 흐름처럼 흐르는 물질이 있는 모든 상황에 안성맞춤이다. 화살표는 각 지점에서 흐름의 방향과 속도를 보여준다.

자, 이제 차 한 잔을 젓는다고 상상하며 액체의 흐름에 주목해보자. 그리고 벡터 지도를 그릴 수 있는지 생각해보자.

우리는 (실제로) 흐르는 물질에 둘러싸여 있다. 주변의 공기가 끊임없이 움직이고 마구 휘몰아친다. 대개 사람의 눈에는 보이지 않지만, 추운 날 숨을 내쉬거나, 담배 연기를 내뿜거나, 거품 또는 민들레 홀씨를 후 불면, 숨결이 만들어내는 윤곽을 벡터 지도로 간단히 이해할 수 있다.

이때의 흐름은 3차원이다. 그리고 3차원 공간의 각 지점은 속도 및 방향과 대응한다.

공기 같은 기체나 차 같은 액체가 아닌 고체를 둘러싼 흐름도 벡터 지도로 나타낼 수 있다. 열류Heat Flow는 공학자들이 많이 신경 쓰는 흐름이라 3차원 벡터 지도로 분석한다.

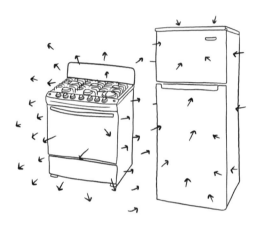

벡터 지도는 전 세계 인구와 자원의 흐름을 분석하는 데도 사용될 수 있다.

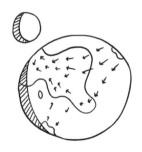

이 그림은 구 표면 위의 흐름을 나타낸 것으로, 구면 위 각 지점에 벡터 값이 할당된다. 어떤 다양체든 지도로 나타낼 수 있다.

해석학 전문가들은 대개 한 가지 유형의 지도를 깊이 파고드는 편이다. '실해석학'은 온도와 고도 같은 선형의 양을 다루고, '복소해석학'은 벡터 지도와 관련이 있다. 각 진영의 전문가들은 지도의 의미, 공통점, 특정 패턴과 현상 등 그들이 연구하는 지도의 내막을 속속들이 꿰뚫고 있다. 따라서 각 유형의 지도가 현실 세계에 우연히 나타나면 모든 전략과 기술이 착착 준비된다.

이게 바로 해석학이나 모든 추상수학이 내린 결론이다. 그래서 특정 흐름을 지닌 물질에 구애받지 않고 '흐름'의 일반적인 개념을 연구할 수 있다. 운이 좋으면 공기나 차, 열, 종이 위의 추상적 흐름 등에 상관없이 모든 상황에 해당하는 벡터 지도의 보편적 사실도 발견할 수 있다.

지도가 알려주는 보편적 사실은 다음과 같다. 단단한 용기 안에서 흐르는 모든 물질*은 고정점을 갖고 있다. 고정점이란 전혀 움직이지 않는 점을 말한다. 그래서 차 한 잔을 휘저을 때, 액체 표면 위에서 꼼짝하지 않는 한 점을 언제든 발견할 수 있다. 찻잎이 제자리에서 뱅뱅 돌면 모든 게 그 주변을 맴돈다. 아무리 많은 선풍기를 켜도 어떤 방이든 먼지 조각이 제자리에서 맴돌 수 있는 정체된 공기 지점이 있다(창문이 닫혀 있다고 가정했을 때).

이러한 사실을 '부동점 정리'라고 하며 모든 차원에서 참으로 입증되었다. 2차원 접시에서 세차게 휘도는 액체에서도 참이고 3차원 병에서 마구 휘몰아치는 기체에서도 참이다. 만약 12차원 병을 만들어 그 병을 흔들 수 있는 세상에 산다면, 그곳에서도 마찬가지로 참일 것이다.

지도로 알 수 있는 관련 사실은 다음과 같다. 털이 무성한 공을 완전히 평평하게 빗는 건 불가능하다. 구 위의 모든 지점에서 털을 납작하게 눕히는 방향을 잡으려고 하면, 적어도 불연속적인 한 곳을 지날 수밖에 없다. 특이점 또는 극이라고 부르는 이 지점에서 털이 뻣뻣하게 일어나 있거나 드문드문해져 있거나 왕창 비어 있다.

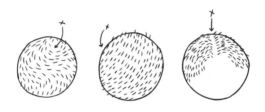

이 사실은 털뿐만 아니라 구의 각 지점에 방향을 지정하려고 할 때마다 적용된다. 지구 표면을 쭉 가로지르면 바람이 어떤 방향으로도 불지 않는 곳이 최소 한 군데는 있다. 바다에서도 물살이 어떤 방향으로도 흐르지 않는 특이점을 발견할 수 있다. 그리고 이 지점에서 쓰레기가 빙빙 맴도는 섬이 생긴다. 목성 같은 요란한 행성에서도 방향이 정해지지 않은 '폭풍의 눈'이 적어도 한 군데는 있어야 한다. 이건 단지 자연을 관찰하며 발견한 패턴이나 우연이 아니다. 논리적 필연이다. 심지어 수십억 년 동안 우리가 도달할 수 없었던 행성에서도 마찬가지다. 하지만 이러한 논리적 필연은 구에서만 참이다. 털이 많은 원환체는 완전히 평평하게 빗겨질 수 있다.

이처럼 넓디넓은 수학적 의미에서 지도는 믿을 수 없을 만큼 다재다능한 도구다. 그래서 투영(그림자와 세계 지도), 변환(회전 및 반사), 시간의 변화량, 기하학적 곡선, 물리적 시스템의 상태 등을 분석하는 데 사용된다. 고등학교 때 배운 함수의 그래프도 지도의 한 형태다. 위상수학의 '늘리기와 줄이기'는 한 모양을 다른 모양으로 지도화하는 방법으로 생각해볼 수 있다. 지난 장에서 설명한 짝짓기도 불연속 지도로 연구되고 있다. 이 지도는 한 집합의 원소를 다른 집합의 원소로 '지도화'한다. 어떤 대상이 다른 대상에 대응하는 거의 모든 상황에서 수학자들은 지도를 이용한다.

왜냐하면 이렇게 추상적인 상황을 볼 때, 세부적인 상황을 툭툭 털어내고 기본적인 역학관계에 집중하면 아주 다양한 패턴과 구조가 존재한다는 사실을 깨닫기 때문이다. 이러한 패턴과 구조를 수학적 대상이라고 하며, 그 대상을 생각하는 게 바로 수학이다.

불 가 능 한 일 들

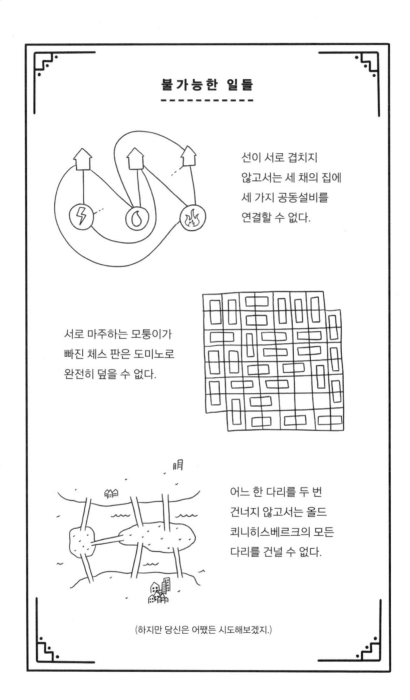

선이 서로 겹치지
않고서는 세 채의 집에
세 가지 공동설비를
연결할 수 없다.

서로 마주하는 모퉁이가
빠진 체스 판은 도미노로
완전히 덮을 수 없다.

어느 한 다리를 두 번
건너지 않고서는 올드
쾨니히스베르크의 모든
다리를 건널 수 없다.

(하지만 당신은 어쨌든 시도해보겠지.)

피타고라스의 정리
- - - - - - - - - - - - - -

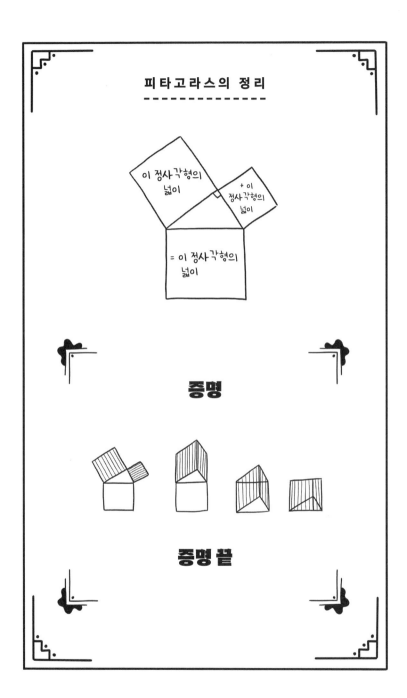

이 정사각형의 넓이

+ 이 정사각형의 넓이

= 이 정사각형의 넓이

증명

증명 끝

다음 쪽에 있는 바둑판을 칠하는 방법

- -

- 화살표가 왼쪽에 오도록 책을 옆으로 돌린다.
- 화살표가 가리키는 칸부터 시작해 그 행을 가로지르며 진행한다.
- 각 정사각형 칸마다 그 위에 있는 세 정사각형을 확인한다.

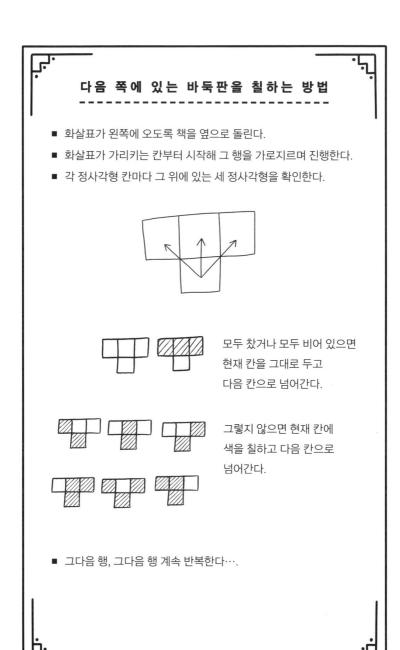

모두 찼거나 모두 비어 있으면
현재 칸을 그대로 두고
다음 칸으로 넘어간다.

그렇지 않으면 현재 칸에
색을 칠하고 다음 칸으로
넘어간다.

- 그다음 행, 그다음 행 계속 반복한다….

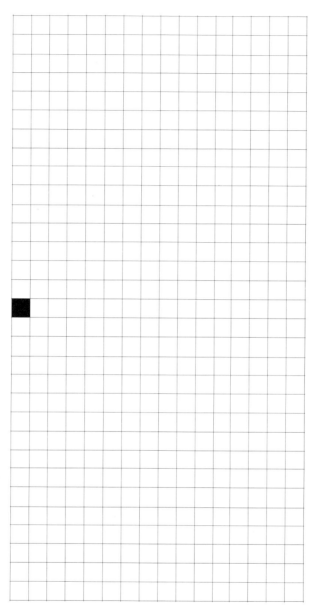

대수학

Algebra

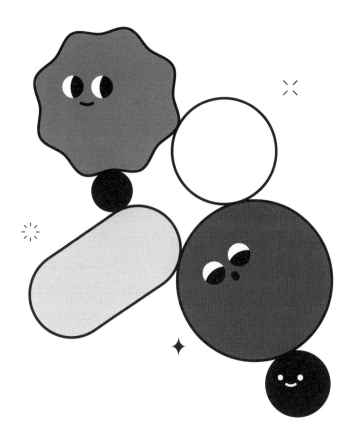

추상화

아예 처음부터 시작하자. 수학은 텅 빈 공간을 차지하고 있는 순수하고 추상적인 대상에 관한 학문이고, 대수학은 모든 수학 분야 중에서 가장 순수하고 가장 추상적이다. 물론 학교에서 배우는 대수학을 말하는 게 아니다. 수학 골수분자들은 학교에서 배우는 대수학을 '학교 대수' 또는 '기본 대수'라 부른다. 그만큼 무시한다는 뜻이다. 내가 이 장에서 얘기하고 싶은 대수학은 '추상 대수학'이다. 추상 대수학은 워낙 추상적이라 특정 대상은 다루지도 않는다. 대상 자체의 개념과 대상들 간의 관계에 집중한다.

'일반 대수학'은 추상 대수학의 또 다른 용어다. 무언가를 일반화하면 덜 구체적으로 변한다. 숫자 4와 관련된 수학 문제가 있다고 가정해보자. 4는 구체적인 숫자다. 문제를 일반화하려면 4는 모든 숫자를 대신하는 기호 x로 바꾸어야 한다. 이제 보통의 방법으로 문제를 풀어 숫자로 나타낸 답을 구할 수는 없지만, x에 여러 값을 대입해 그 답에 패턴이 있는지 확인할 수 있다. 대개 패턴이 있는 편이다. 그 패턴은 일반화한 수학 문제의 해법이다. **일반적으로** 잘 통하는 해법이기도 하다.

추상 대수학은 이 개념을 적용해 다음 단계로 넘어간다. 다시 말해 대수학 자체의 훨씬 일반적인 형태를 추구한다. 모든 연산에 덧셈이나 곱셈 기호 대신 '•' 기호를 사용한다. 그리고 다양한 연산을 시도한다. 고전적인 사칙연산뿐만 아니라 전혀 사용한 적 없는 기이한 연산으로 높은 수준의 패턴을 찾는다. 그러다 상황이 점점 꼬인다. 숫자의 개념도 추상적으로 정의한다. 그러고는 이제 미지의 대상에 대한 미지의 연산을 한다.

이런 종류의 대수학은 설명하기조차 어렵다. 딱히 얘기할 거리가 없기 때문이다. 대수학자들이 흔히 수행하는 과정이 있다. 종이에 있는 기호들을 이리저리 이동해 주어진 명제를 다른 명제로 바꾸는 체계적인 방법이다. 하지만 각 명제는 사실상 아무 **의미**가 없다. 적어도 어떤 특별한 한 가지를 의미하지도 않는다. 모든 기호는 무한 계산을 위해 언제든 바꿀 수 있는 일반적인 대체 기호다. 따라서 어떤 의미로 보면, 각 명제는 한 번에 백만 가지의 다른 의미를 품고 있다.

왠지 방향감각을 잃은 듯 혼란스럽다. 주장을 뒷받침하는 확고한 근거도 없고, 현실로 돌아가는 명확한 기준점도 없고, 심지어 사람들이 평소 수학이라 여기는 것조차 없다. 대수학 교과서를 몇 시간 동안 빤히 바라보면서 뭔가가 언급이라도 되는지 기억하려고 책장을 앞뒤로 휙휙 넘겨봐도 된다. 마침내 증명이나 예를 발견했다 싶을 때마다 패턴에 대한 이해는 고사하고 구체적인 그림도 머릿속에서 사라지기 마련이다. "이쪽에서 무슨 일이 있었거든. 그다음에는 저쪽에서 대칭이 됐어. 하지만 다시 뒤집혔어." 명확한 관계와 구조는 있지만, 실제 대상이 없다.

이러한 대수학을 생각하려면 알맞은 사고방식을 갖춰야 한다. 나무나 의자 같은 현실 속 대상을 잊어야 하고, 도형이나 숫자 같은 수학 속 대상도 잊어야 한다. 한마디로 마음을 비워야 한다. 마치 엄격하고 체계적인 명상을 준비하는 것처럼.

그러니 할 수 있다면 한번 상상해보자. 어떤 것을 본 적도, 들은 적도, 느낀 적도 없고, 냄새를 맡거나 맛본 적도 없고, 감지하거나 직관한 적도 없고, 배우거나 알고 있던 적도 전혀 없다고 생각해보자. 눈이 영원히 감겨 있거나 사실상 아예 눈이 없고, 눈이 뭔지 모른다고 상상해보자. 당신은 그저 육체를 벗어나 허공을 떠도는 의식에 불과하다.

당신은 아무것도 생각할 게 없다. 정말 아무것도 없다. 아무것도 모르니까. 그래서 너무 지루하다. 즐거운 게 없으니 허구한 날 멍하니 앉아 있다.

그러다 메시지를 하나 받는다. 메시지가 머릿속에 딱 꽂힌다. (마침내!) 그 메시지에는 "뭔가가 존재한다"라고 쓰여 있다. 아주 간단한 메시지지만, 당신은 생각할 게 있다는 사실에 감격한다. **뭔가가 존재한다**. 그게 뭔지는 모르지만, 당신은 뭔가가 존재한다는 걸 알았다. 그래서 그 뭔가에 이름을 지어 g라 부른다.

보통 대상에 이름을 붙일 때, 그 이름은 대상과 어떤 관련이 있다. 하지만 여기서는 아니다. 어원이나 의성어도 없다. g라 불린다는 걸 안다고 해서 g라 불리는 그게 뭔지 전혀 모른다. 이건 단지 쉽게 참고용으로 쓰는 이름이자 기호일 뿐이다. 당신은 이제 "g가 존재한다"라는 말을 할 수 있다. 심지어 당신이 알고 있는 모든 것이 세상에 존재한다는 개념도까지 그릴 수 있다.

$$\cdot g$$

하지만 너무 많은 의미를 부여하지 마라. 그 대상은 실제로 g도 아니고, 점도 아니다. 단지 당신이 g라고 부르는 걸 추상적인 개념으로 스케치했을 뿐이다.

이제 당신은 또다시 지루해진다. 존재를 알게 된 이 대상 하나로 할 수 있는 모든 걸 해왔고, 존재하는 대상이 전혀 존재하지 않는 대상보다 덜 흥미롭다는 걸 알아버렸다. 그래서 또다시 완전히 명한 채로 또 몇 분 동안 엄지손가락을 꼼지락거리고 싶다.

다행히도 메신저가 새로운 메시지를 갖고 돌아온다. "또 다른 것이 존재한다." 좋은 소식이다! 당신은 이 새로운 존재에 h라는 이름을 붙이고 아까 그린 간단한 도식을 갱신한다.

하지만 이번에도 당신이 할 수 있는 건 그게 전부다.

새로운 소식을 아무리 많이 들어도 목록에 새로운 이름을 추가하고, 도식에 새로운 점을 추가하고, 다시 공허함에 빠지는 것뿐이다. 누군가 "h가 존재하나요?"라고 물으면 그렇다고 대답할 수 있지만, 메신저에게 들은 것 이상은 여전히 모른다. 당신 혼자서는 새로운 사실을 알아낼 수 없다. 질문을 할 수도, 답을 궁금해할 수도 없다. 세상은 서로 관련이 없는 것들의 목록으로 이루어져 있고, 그 목록으로 할 수 있는 건 많지 않다. 진짜 따분하다!

아주 살짝이라도 흥미로운 일이 생기려면 대상이 존재하는지뿐만 아니라 서로 어떤 관련이 있는지도 알아야 한다.

자, 이런 생각을 해보자. 메신저가 다시 와 새로운 반전이 담긴 메시지를 전한다. "존재하는 건 다섯 가지이며, 그들은 각각 짝꿍이 있다." 좋아, 곰곰이 생각해보자. 이 메시지는 무엇을 설명하는 걸까? 다음 쪽의 그림을 보자.

이 모든 그림을 살펴보니 메시지와 딱 맞아떨어진다. 겉보기엔 무척 다르지만, 모두 패턴이 비슷하다. 각각의 경우 다섯 쌍이 있거나 열 개의 대상이 서로 엇갈리는 두 무리로 나뉜다. 이번에 받은 추가 정보인 '짝꿍' 관계는 세계에 기본적인 구조를 부여한다. 각 대상은 지금 서로 관계를 맺으며 공존하고 있다. 무엇보다 중요한 형태나 질서가 있다. 따라서 전체는 부분의 모음 이상이다.

이것이 올바른 방향으로 나아가는 단계다. 현실 세계는 대상 간의 촘촘한 관계로 이루어졌기 때문이다. 소파와 양탄자는 외부와 단절된 채 존재하지 않는다. 소파는 양탄자 '위'에 있고, 양탄자는 바닥 '위'에 있으며, 바닥은 아래층 이웃들 '위'에 있다. 그리고 이러한 관계는 절절 끓는 지구의 핵에 도달할 때까지 계속된다. 사람에 대해 말할 때, "에디가 존재해"라고만 말하지 않을 것이다. "에디는 손톱이 길어" 같은 말을 하기도 한다. 에디와 몇몇 손톱 사이의 '소유' 관계를 말하기도 하고, 에디의 손톱을 기준에 따라 견주며 '보다 더 길다'라는 관계를 설명하기도 한다. "에디는 사람이다"라고 말하는 것만으로도 온갖 종류의 관계를 암시한다. 에디와 에디가 가진 여러 신체 부위, 다른 사람들, 물리적 위치, 사건, 습관, 믿음, 욕망 등 에디를 둘러싼 모든 걸 설명한다. 말하자면 우리는 (가장 기본적이고 추상적이고 바닥 수준에 있는) 대상들과 그 대상들 간의 관계로 세상을 이해한다.

수학 세계에서도, 우리가 하는 모든 일은 이렇게 기본적인 관점으로 이해될 수 있다. 위상수학에서, 우리는 도형이라 불리는 대상의 유형과 서로 늘리거나 줄일 수 있는 두 도형의 '동일성' 관계를 살펴봤다. 이러한 관계는 뒤죽박죽이 된 도형을 질서정연한 분류 체계로 정리해준다. 해석학 역시 '더 크다'라는 관계로 공집합에서 무한, 연속체, 그 너머에 이르기까지 모든 대상을 순서대로 정리했다.

하지만 나는 앞서 우리가 현실 세계와 수학 세계를 떠나 있다고 말했다. 이제 모든 걸 잊고 공허 속에 떠 있는 당신의 의식으로, 짝꿍과 함께 있는 다섯 가지 대상으로 돌아가 보자.

이제 당신은 각 대상에 이름을 붙이고, 점도표Dot Diagram를 만들려고 한다. 각 대상에 서로 다른 열 개의 이름을 무작위로 붙이는 건 바람직하지 않은 것 같다. 그러면 그 대상들이 무엇인지 알 수 없다. 물론 이름들은 아무 의미도 없겠지만, 당신이 묘사하는 세상의 질서를 나타낸 이름을 선택해야 삶이 편할 것이다. 점도표도 마찬가지다. 무작위로 점을 흩어 놓을 수도 있지만, 짝꿍을 표시하는 게 훨씬 낫다.

이 점도표는 체계적인 구조를 가진 가장 간단한 세계 중 하나다. 마음에 든다. 수학자들은 간단한 걸 좋아하니까. 그게 바로 추상화의 요점이다. 추상화로 나타내면 특정 상황의 임의적인 세부 사항에 얽매이지 않고 질서와 형식의 본질을 조사할 수 있다.

그러면 우리는 질서와 형식에 대해 정확히 무엇을 알 수 있을까? 짝꿍이 있는 체계적인 세계와 아무 관련 없는 대상들의 무리가 질적으로 다른 이유는 무엇 때문일까?

우선, 짝꿍 세계는 이전 세계에서 불가능했던 방식으로 설명될 수 있다. 예를 들어 "g는 ĝ의 짝꿍"이고 "h와 j는 서로 짝꿍이 아니다" 또는 "k는 짝꿍이 있지만, g나 h의 짝꿍이 아니다"라고 말할 수 있다. 짝꿍이 없는 세계에서는 대상 간의 관계를 따지지 않고, 그저 그 대상이 존재한다는 사실만 말할 수 있었다. 현실 세계에서처럼 관계는 언어의 본질이다.

게다가 관계는 질문을 하고 답을 찾을 수 있다는 걸 의미한다. 이렇게 물을 수 있다. "g의 짝꿍은 무엇일까?" 또는 "짝꿍 관계가 아닌 대상이 있을까?" 이러한 질문들은 대답하기 쉽다. 우리가 다루는 세상에서는 여전히 아무 일도 일어나지 않았으니까. 하지만 처음으로, 우리는 뭔가를 발견하게 될지도 모를 상황에 있다.

잠시 뒤로 물러나 생각해보면, 추상 대수학 배후에 있는 큰 개념은 우리가 수학에서 다루는 모든 영역이 본질적으로는 기본적인 짝꿍 세계의 살짝 복잡한 형태라는 것을 깨닫게 한다. 어떤 대상, 대상끼리의 관계, 우리가 아는 것들, 우리가 모르는 것들이 있다. 대수학자들은 상상할 수 있는 모든 수학 문제를 추상 대수학 용어로 바꿔 대수학 도구로 해결할 수 있다고 확신한다.

이러한 믿음은 수학 밖으로도 확장된다. 철학과 과학은 단순한 수학적 구조로 우리가 다루는 모든 것을 추상화할 수 있다는 생각에서 비롯되었다. 미친 소리처럼 들린다. 아니, 어쩌면 진짜 미쳤거나 잘못된 생각일 수도 있다. 그래도 최소한 사람들이 자연의 작용을 이해하고 새로운 기술을 개발하도록 해준 강력한 생각이다.

짝꿍 사례는 너무 기본적이라 재미가 없다. 그래서 이번에는 추상적 구조의 모형을 예로 들어보려 한다. 마지막으로 한 번 더, 당신이 아는 건 다 잊어라. 준비됐나? 다음과 같은 메시지가 왔다. "세 가지 특별한 것이 있다. 그들을 '워그'라고 하자. 그리고 각 워그를 조합한 것도 존재한다."

메신저가 설명하는 게 뭘까? 우리가 사용할 수 있는 간단한 명명체계는 다음과 같다.

$$g \quad h \quad j \quad gh \quad hj \quad gj \quad ghj$$

하지만 이 점을 어떻게 배열해야 할까? 이 구조를 담을 수 있는 시각적 도식은 무엇일까? 여러 가지가 있겠지만, 점을 잘 배열할 만한 좋은 방법이 하나 있다. 바로 정육면체의 꼭짓점이다.

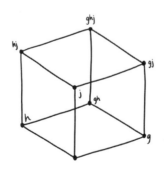

이 도식을 잠시 살펴보고 어째서 이 도식이 메신저가 말한 구조를 잘 나타내는지 생각해보라. 가장 가까운 꼭짓점은 빈 대상을 나타낸다. 즉 워그가 없는 조합이다. 그리고 각 워그는 3차원 중 하나에 대응한다. 워그를 조합하려면 각 방향으로 이동한다.

이와 같은 구조도에는 늘 멋진 대칭과 패턴이 존재하기 마련이다. 정육면체 반대쪽 꼭짓점에 상반되는 이름이 있는지? 그랬다면 우리가 근본적인 구조를 잘 담고 있다는 증거다.

이처럼 정확히 같은 구조를 가진 또 다른 세계는 3진수 문자열 집합이다. 즉, 껐다 켰다 할 수 있는 스위치가 세 개 있다고 생각하면 된다.

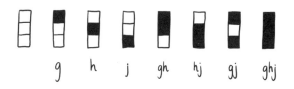

이 그림에서 각 스위치는 워그에 해당하고, 빈 대상은 스위치 세 개가 모두 꺼진 상태다.

또 다른 표현으로 기본 구조를 똑같이 나타낼 수 있다. 세 개의 원이 있는 벤다이어그램을 보자.

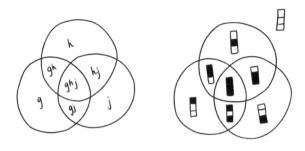

이와 같은 패턴에 딱 들어맞는 마지막 방식은 색깔이다.

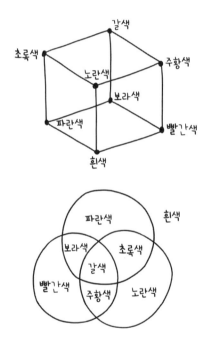

신기한 건, 30의 소인수도 이와 똑같은 패턴에 딱 들어맞는다. 어떻게 생겼는지 보여주고 싶지만(꽤 깔끔하다), 숫자는 절대 사용하지 않겠다고 약속했으니 당신 스스로 알아봐야 할 것 같다.

구체적인 건 무시하더라도 내가 말하고 싶은 일반적인 요점은 이렇다. 기본적인 추상 구조가 같으면 겉모습만 다른 수많은 방식으로 나타날 수 있다. 각 상황에 해당하는 구체적 대상들은 아주 다르지만, 대상들 사이의 관계는 정확히 같다.

	워그	조합	없음	모두 있음
ghj-세계	문자	덧붙임 → 덧쓰임	가까운 꼭짓점	ghj 먼 꼭짓점
정육면체	차원			
문자열	위치	겹침	외부	가운데
벤다이어그램	원	혼합	흰색	갈색
색깔	원색	곱셈	1	30
30의 소인수	소수			

이러한 '똑같은 추상 구조'의 동일성을 생각하는 또 다른 방법이 있다. 어떤 대상을 설명하는 문장을 한 마디 한 마디 다른 문장으로 번역해도 내용은 여전히 참이다.

$$g \cdot h = gh$$

$$\blacksquare \cdot \blacksquare = \blacksquare$$

$$red \cdot blue = purple$$

이러한 유형의 동일성을 설명하는 공식적인 수학 용어가 있는데, 그리 친숙한 용어는 아닐 것이다. 두 체계의 추상 구조가 같을 때, 서로 동형Isomorphic이라 한다. Iso는 '같다'라는 뜻이고, Morph는 '모양' 또는 '형태'를 말한다. 색깔, 3진수 문자열, 정육면체 꼭짓점은 모두 동형이다. 즉, 개념적 모양이 같다.

교과서에서 '동형'이라는 단어를 읽었다면, 그 책의 저자는 아마도 동형의 정의를 정확하게 다루고 있을 것이다. 즉, 정확히 같은 구조를 가진 두 체계는 전혀 다르지 않다고 설명할 것이다. 하지만 수학자들은 이따금 실생활에 있는 사물을 동형이라 부르기도 한다. 그때는 주로 전반적으로 풍기는 대략적인 인상으로 동형을 판단한다. 그렇게 따지면 우노(카드게임-옮긴이)는 크레이지 에이츠(카드게임-옮긴이)와 동형이고, 〈라이온 킹〉은 〈햄릿〉과 동형이라 말할 수 있다. 물론 수학적으로 따지면 사실이 아니지만.

대수학자에게 동형은 우아함과 아름다움의 정점이다. 서로 관련이 없는 두 상황이 잠재적으로는 같은 역학관계가 있다니? **진짜 멋지다.** 세상이 한 단계 단순해졌다. 예전에는 두 개의 다른 문제, 때에 따라 백 개 또는 무한개의 다른 문제가 하나의 문제로 줄어든 것이다. 그래서 우리 수학자들의 이해는 더욱 심오해졌다(적어도 대수학자에게는 그럴 것 같다).

우리는 이미 조금 전에 이와 같은 추상화/축소 과정을 살펴봤다. 당시에는 그렇게 부르지 않았을 뿐이다. 무한 호텔을 떠올려보거나 2장으로 다시 휙 넘겨보자. 빈 객실이 없는 호텔에 새로운 손님을 들인다는 건 '무한+1'이라는 추상 구조를 가진 상황이다. 물건이 가득 찬 봉지에 새로운 물건을 넣는 것도 역시 무한+1이다. 일단 한 시나리오에서 무한+1의 역학관계를 이해하면, 똑같은 논리가 모든 동형 시나리오에 적용된다.

그렇다면 생각해보자. '무한'이나 '한 개'는 뭘 의미할까? 뭐가 한 개라는 걸까? 이런 생각이 추상화다. 이 개념은 오리 한 마리, 머리카락 한 올, 한 방울, 일 분 등 서로 다른 백만 가지 경우에 걸쳐 적용되지만, 그 자체로는 아무 의미가 없다. 되풀이되는 현상을 대신할 대체 용어에 불과하다. 그 현상이 추상적 대상이자, 순수 수학적 대상이다.

'순수 수학적 대상'이란 정확히 뭘까? 이러한 대상들이 실제로 존재할까 아니면 단지 상상력의 산물일까? 이게 바로 수학철학자들이 주장하는 질문들이다. 어떤 이들은 수학적 대상이야말로 순수 추상화라는 먼 우주에 존재한다고 믿는다. 그래서 우리가 수학을 연구할 때 훨씬 단순한 세계를 엿볼 수 있다고 생각한다. 수학철학자들은 순수 수학적 우주, '플라톤적 영역'이 우리가 사는 세상보다 더 근본적이고 더 아름다우며, 덜 자의적이고 덜 우연적이라 확신한다.

나도 잘 모르겠지만, 그것이 추상적 대상을 생각하는 유용한 방법이다. ghj-구조가 뭐든, 우리는 그 구조가 텅 빈 수학 세계에 앉아 있다고 생각한다. 마치 순수한 '하나'가 어떤 건지 알 수 없는 것처럼, 그 구조가 어떻게 생겼는지 모른다. 우리는 정육면체, 벤다이어그램 등 우리 세계에 드리운 모든 다양한 그림자를 볼 수 있다. 하지만 우리가 말하는 **대상**은? 개념의 뼈대이자 내 머릿속에서 당신 머릿속으로 전달하려는 추상 대수학적 형태는? 그건 단지 **사물**일 뿐이다. 바로 구조다. 이름을 붙일 수도 있으므로 우리는 그 구조를 Z-2의 세제곱이라 부른다.

그래, 맞다. 수학자들은 가능한 모든 추상 구조를 찾고, 각 구조에 이름을 붙이고, 그 구조들을 각각 분류하는 일을 임무로 여긴다.

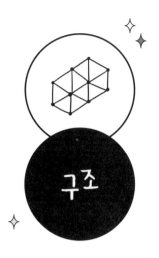

걱정하지 마시라. 모든 추상 구조를 철저히 분류하진 않을 작정이다. 과연 그럴 시간이나 있을까? 추상 구조는 정말 많다. '구조' 자체가 매우 넓은 개념이기 때문이다. 다양체를 분류할 때처럼 차원을 순서대로 나열하며 그때마다 도형 이름을 적어둘 수 없다. 대수학적 구조를 분류하는 건 지구상의 모든 생물 종을 분류하는 작업과 아주 비슷하다. 대수학적 구조는 층층이 모여 있다. 최상위 영역에 해당하는 '구조'가 있지만, 알려진 구조 범주는 대략 열두 개다. 체 Fields, 환 Rings, 군 Groups, 고리 Loops, 그래프 Graphs, 격자 Lattices, 정렬 Orderings, 반군 Semigroups, 준군 Groupoids, 모노이드 Monoids, 마그마 Magmas, 가군 Modules 이 열두 개 범주에 속하고, 우리가 그냥 뭉뚱그려 대수학이라 부르는 것들도 있다. 각 범주에는 하위 범주가 있으며 하위 범주는 속성과 특성에 따라 또 분류할 수 있다. 분류 체계가 꽤 웅장하다.

어쨌든 구조 전체를 보여주는 게 내 목적은 아니므로, 이 장에서는 몇 가지 구조의 예만 살펴보겠다. 주로 자연에서 훨씬 자주 등장하는 구조 유형을 고르려고 한다. 하지만 기억하시라. 전문 수학자들은 수학을 벗어난 공통점이나 유용함에 딱히 관심이 없다. 대수학자들은 세상에 알려진 징후가 있든 없든, 흥미롭고 우아하다고 생각하는 구조를 연구한다.

집합

집합은 모든 구조 중에서 가장 단순하다. 너무 단순하다 보니 어떤 이들은 집합을 구조라고 생각하지 않는다. 집합은 또 다른 관계나 특성이 없는 대상들의 모임이다.

여기 집합의 한 예가 있다. 이 집합을 둘이라고 하자. 실제로 그 집합을 볼 수 없지만(구체적인 형태가 없는 추상적인 대상이므로), 실생활에는 이 구조가 속한 다양한 이야기가 있다.

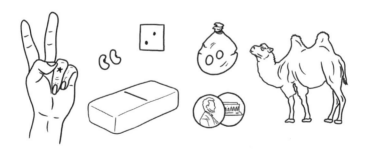

집합을 보거나 그릴 수 있는 '정확한' 방법은 없다. 즉, 어떤 유형의 구조를 볼 수 있는 단 하나의 '정확한' 방법이 없다.

둘이라는 집합은 실제 존재하는 다양한 집합 가운데 하나다. 유한 집합은 분류하기가 아주 쉽다. 모든 유한 집합은 다음 중 하나와 동형이다.

무한 집합은, 부드럽게 말하자면 살짝 더 까탈스럽다.

그래프

그래프는 집합과 비슷하지만 구조가 추가된다. 그래프에 있는 몇몇 대상은 서로 특별한 관계가 있다. 각 대상은 점으로, 대상끼리의 관계는 점을 잇는 선으로 나타낼 수 있다.

이 그래프는 소셜 네트워크의 구조로 볼 수 있다. 각 점은 사람이고, 각 선은 친구 관계다. 적어도 이 그래프를 보면 소셜 네트워

크가 페이스북이나 링크드인과 같은 웹사이트에서 어떻게 구조화
되는지 알 수 있다. 소셜 네트워크의 친구 관계는 이진법이고, 항상
쌍방향으로 진행한다.

또한 '친구 관계'보다 훨씬 정확한 조건을 택해서 연결선을 그릴
수도 있다. 서로 눈을 마주치며 대화한 적이 있는 두 사람을 연결할
수도 있고, 키스해본 적 있는 사람들끼리 연결할 수도 있다. IMDb
목록에 있는 영화에서 함께 연기한 배우들끼리만 연결할 수도 있다.

그래프에 관해 흔히 나올 수 있는 질문에는 이런 것도 있다. 서로
얼마나 빽빽하게 연결되었을까? 다른 무리와 어떻게 분리되어 있을
까? 아무 연결선이 없는 두 개의 하위 그래프로 깔끔하게 분리할 수
도 있을까?

다른 선을 지나지 않고 그래프를 그릴 수 있을까? 연결선이 없는
고독한 점도 있을까? 연결선이 가장 많은 대상은 무엇일까? '친구
의 친구'라는 2단계 연결고리가 가장 많은 대상은 누구일까? 어떤
대상이 가장 중심에 있을까? 말하자면, 어떤 대상이 다른 모든 대상
과 가장 적은 수의 단계로 떨어져 있을까?

당신이 지구상의 모든 사람과 최대 6단계 안에서 연결된다는 게
사실이라면, 대인 관계 그래프의 '지름'이 6이라는 뜻이다. 또한 특

정 지점에서의 '반지름'도 계산할 수 있다. 예를 들어 모든 배우는 케빈 베이컨과 기껏해야 4단계 떨어져 있다고 말할 수 있다.

다음은 가능한 모든 연결 그래프의 목록으로, 점의 개수에 따라 순서대로 나열했다.

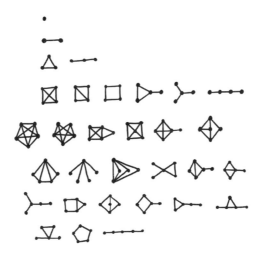

가중치 그래프

실생활에서 우정은 이진법이라기보다 연속체라고 생각할지도 모른다. 두 사람의 관계는 0(만난 적 없음)과 무한(헤어질 수 없음) 사이로 각기 다르다. 그래서 가중치 그래프Weighted Graph 구조를 갖는다.

가중치 그래프는 일일이 나열할 수 없다. 두 사람의 가중치 그래프만 해도 다양한 선택 사항이 즐비한 연속체가 있다.

방향 그래프

방향 그래프Directed Graph는 일반 그래프와 비슷하지만, 대칭되는 선이 아니라 한 방향을 가리키는 화살표가 있다.

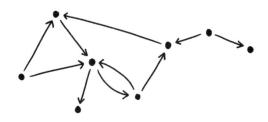

인스타그램이나 트위터 속 사람들의 관계는 방향 그래프가 된다. 당신을 팔로우하지 않는 이들을 팔로우할 수 있기 때문이다.

인터넷의 구조 자체는 방향 그래프다. 각 페이지는 그래프의 교점이고, 각 화살표는 한 페이지에서 다른 페이지로 이어지는 링크가 된다. 페이지를 클릭할 때마다 일련의 화살표가 따라간다. 최신 검색 엔진은 대부분 그래프 이론을 이용해 사용자에게 표시할 검색 결과를 정렬하고, 보여줄 링크가 더 많다면 해당 검색 결과를 맨 위로 밀어낸다(또한 광고처럼 또 다른 고려 사항을 반영해 검색어와 얼마나 일치하는지 보여준다).

가위바위보 게임으로도 세 개의 점이 있는 방향 그래프를 만들 수 있다.

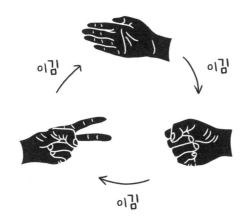

이김   이김

이김

방향 그래프를 보고 나올 수 있는 흔한 질문은 순환 주기의 존재 여부다. 만약 일련의 화살표를 쭉 따라가면 시작했던 곳으로 다시 돌아갈 수 있을까? 가위바위보 게임에는 순환 주기가 있지만, 전형적인 먹이사슬에는 주기가 없다.

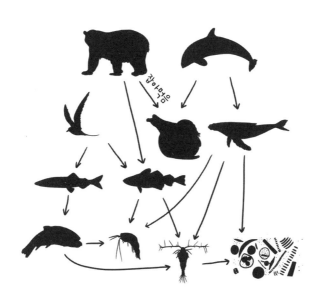

잡아먹음

연결 방향 그래프의 첫 번째 묶음은 다음과 같다.

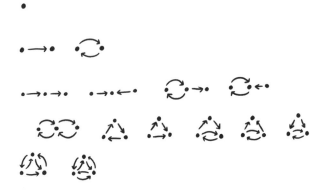

세 점을 지나면 방향 그래프 수가 매우 빨리 늘어난다. 네 점을 한 줄로 늘어놓으면 얼마나 많은 방향 그래프를 만들 수 있는지 살펴보자.

게임 나무

수학자들이 즐겨 생각하는 2인용 게임에는 공통적인 유형이 있다. 체커Checkers, 체스, 틱택토tic-tac-toe, 바둑, 커넥트 포Connect Four, '오셀로'라고 불리는 리버시Reversi 등이 이 범주에 속한다. 이 게임들은 운이 전혀 통하지 않고, 두 명의 선수가 완벽한 정보를 갖고 번갈아 움직이며, 결국 한 사람이 이기거나 무승부로 끝난다. 그래서 2인용 게임을 일컬어 '조합 게임Combinatorial Games'이라고 하며, 구조의 한 유형으로 연구된다.

틱택토를 예로 들어보자. 각 게임판 위치에 점 또는 교점을 두고, 두 가지 유형의 화살표를 표시한다. 즉 X가 할 수 있는 이동과 O가 할 수 있는 이동을 나타내면 된다.

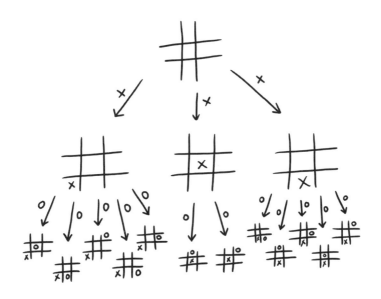

이런 '게임 나무'를 이용하면 X 화살표, O 화살표, X 화살표, O 화살표를 번갈아 가며 나무를 내려가는 경로에 따라 틱택토 한 게

임을 주의 깊게 관찰할 수 있다.

체커나 체스 등 모든 조합 게임은 이 같은 게임 나무로 바뀔 수 있다. 바둑과 같은 게임의 게임 나무는 자기 차례마다 규칙대로 움직이는 방법이 수백 가지이므로 종이에 일일이 적는 게 미친 짓일 것이다. 하지만 보드게임을 하는 컴퓨터는 이미 프로그램이 작성되어 있어 게임 나무를 검색해 좋은 전략을 찾을 수 있다.

틱택토에서 두 선수 모두 경기를 잘한다면 항상 비기도록 만들 수 있다는 걸 아시는지? 조합 게임 이론에 나오는 흥미로운 사실에 따르면, **모든** 조합 게임은 한 선수가 강제로 이기거나 두 선수 모두 강제로 비기게 된다. 그리고 두 선수 모두 최선의 전략으로 대응하면 초반에 이미 승부가 결정된다. 사실 체스나 바둑 같은 복잡한 게임에서는 최선의 전략이 뭔지 아직 알려지지 않았다. 하지만 이론적으로 운이 통하지 않는° 완전한 정보 게임은 모두 최선의 전략을 세울 수 '있다.'

증명

조합 게임을 하나 고른 뒤 그 게임의 게임 나무를 전부 적는다. 게임에 참여하는 두 선수를 X, O라고 부르겠다. 게임이 끝난 아무 게임판 자리에다 X가 이겼다면 녹색 점, X가 졌다면 빨간색 점, 동점이었다면 회색 점을 칠한다.

이제 우리는 나무의 끝뿐만 아니라 나머지 자리에도 색을 칠할 수 있다. X 차례에 X 화살표가 녹색(승) 자리를 가리키면 녹색을 칠한다. X가 승부수를 띄웠다는 뜻이니까. 모든 X 화살표가 빨간색(패) 자리를 가리키면 빨간색을 칠한다. X 화살표가 빨간색(패)과 회색(동점) 자리를 모두 가리키면 회색으로 칠한다. 그러면 X가 동점을 택할 수 있다.

모든 점을 칠할 때까지 나무를 따라 거꾸로 올라가며 이런 식으로 계속 자리를 칠한다.

출발 자리가 어떤 색인가? 녹색이면 X가 강제로 이길 수 있다. 빨간색이면 O가 강제로 이길 수 있다. 회색이면 최고의 경기로 무승부가 된다.

증명 끝

마찬가지로, 체커와 커넥트 포도 둘 다 게임 나무의 모든 지점을 철저히 검색하는 강력한 컴퓨터로 최선의 전략이 예측되었다(체커는 두 선수 모두 완벽하게 경기하면 무승부이고, 커넥트 포는 처음 이동한 선수가 이긴다). 하지만 어떤 선수도 모든 상황에 맞는 완벽한 전략을 외울 수 없다. 따라서 게임은 실제로 하는 게 제맛이다. 체스와 바둑은 아직 최고의 전략이 발견되지 않았는데, 정상급 체스 선수들 몇몇은 결국 완벽한 경기를 하면 강제로 비기게 된다고 시사하기도 했다.

가계도

가계도 역시 그래프와 같은 구조로, 점과 연결선으로 이루어져 있다. 하지만 여기서는 꼬리가 갈라진 화살표 같은 연결선이 '부모' 관계를 나타낸다.

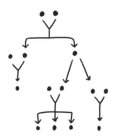

부모와 자녀를 나타내는 각 화살표에는 정확히 두 명의 부모가 있어야 한다고 지정할 수 있다. 또는 다른 가족 구조도 포함할 수 있다. 시작 부분에서 여러 가족 구조를 허용한 가계도를 몇 가지 보면 다음과 같다.

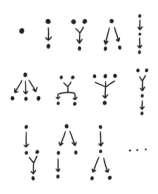

중요한 사실이니 다시 한 번 강조하겠다. 이런 점-화살표 그림은

구조를 나타내는 편리한 방법 가운데 하나일 뿐이다. 구조 자체에는 전혀 형태가 없다. 대수학자들은 다음과 같이 그림 대신 수학적 언어로 구조를 나타내곤 한다.

가계도는 부모와 자녀의 관계 $\{(Pi, xi)\}$를 갖춘 집합 S다.
여기서 $\{(Pi, xi)\}$은 부모 집합 $P \sqsubseteq S$(P는 S의 상등이자 부분집합-옮긴이),
자녀 $x \in S$(x는 S의 원소-옮긴이)를 나타낸다.

대칭군

대칭군Symmetry Groups은 반드시 설명해야 할 구조다. 대수학자들이 대칭성에 집착하기 때문이다. 이론물리학자들도 대칭에 집착하고 있으며, 오늘날 수많은 이론물리학자도 알게 모르게 군론Group Theory을 연구하며 또 다른 대칭을 연구하고 있다.

어쩌면 당신도 이제 여러 가지 모양이나 패턴, 대상이 서로 다른 유형의 대칭을 이루고 있다는 걸 눈치 챘을 것이다. 대칭의 유형으로는 뒤집기 대칭, 회전 대칭, 옮김 대칭, 확장 대칭 등이 있다.

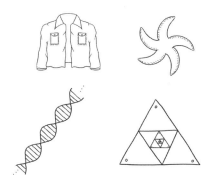

각 유형에는 엄청나게 다양한 하위 유형이 있다. 예를 들어 회전 대칭은 불연속 또는 연속 대칭을 포함할 수 있다.

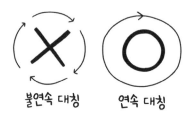

불연속 대칭   연속 대칭

어떤 대상은 여러 개의 회전축을 따라 회전 대칭을 할 수도 있다.

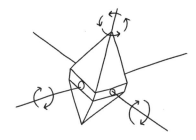

또한 회전 대칭과 다른 유형의 대칭을 동시에 갖는 대상도 있다.

군론 이론가들은 각 대칭의 유형을 대수 구조로 나타낼 수 있는 체계적인 방법을 생각해냈다. 여기 각 대칭군에 속하는 몇 가지 모양이 있다.

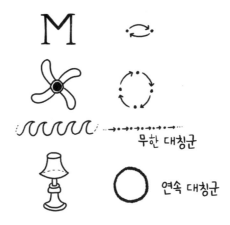

이 모양들은 각각 하나의 대칭 유형에 속한다. 다양한 대칭 유형을 갖는 대칭군은 살짝 더 복잡하다. 예를 들어 다음은 사각형 대칭군이다. 이 대칭군에는 두 종류의 화살표가 있는데, 하나는 좌우 뒤집기 대칭을 나타내고, 다른 하나는 4분의 1씩 시계 방향으로 돌아가는 회전대칭을 나타낸다.

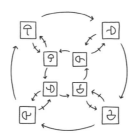

벽지군

마지막 구조인 벽지군은 대칭군의 하위 범주에 속한다. 어떤 대상이나 패턴이 평면 전체를 빈틈없이 채울 수 있다면 벽지 대칭을 갖는다. 아래 그림들은 모두 벽지 대칭이지만, 다른 유형의 대칭은 없다.

하지만 아래 그림들은 벽지 대칭과 사면 회전 대칭을 갖는다.

그리고 아래 그림들은 벽지 대칭, 뒤집기 대칭, 그리고 육면 회전 대칭에 속한다.

추상 대수학이 내놓은 아름답고 신기한 결과물에 따르면, 정확히 17가지 유형의 벽지 대칭이 있다. 아래는 각 유형에 해당하는 예를 하나씩 보여준다.

이제 구조 목록은 그만 늘어놓겠지만, 이 목록에 없는 범주가 **훨씬** 많다는 걸 명심하시라. 대수적 구조는 영어 통사론, 코드 및 암호, 음악 이론, 루빅큐브, 애너그램(한 단어의 철자 순서를 바꿔 다른 단어를 만드는 것-옮긴이), 입자, 공급망, 다항식, 저글링, 그 외에 뭐든 패

턴과 규칙성을 가진 거의 모든 대상을 모형화하는 데 쓰일 수 있다. 컴퓨터나 전화기의 모든 사항은 또 다른 유형의 대수적 대상인 '데이터 구조'로서 메모리에 저장된다. 심지어 범주론이라는 한 수 위의 대수학 분야가 있다. 범주론은 구조의 범주를 연구하고, 이 모든 범주 사이의 패턴과 관계를 찾는다.

결국, 대수적 구조는 서로 관계있는 대상들의 집합일 뿐이다. 물론 꽤 다재다능한 도구이긴 하다. 그래서 많은 대수학자는, 당신이 정 원한다면 우주에 뭐가 있든 추상 구조로 표현할 수 있다고 확신한다.

추론

잠깐 현실로 돌아가자. 도시 하나를 떠올려보라. 서로 소통하고 교류하며 일상을 보내는 100만 명의 사람들을 생각해보라. 사람 사이에는 어떤 관계가 존재할까? 이러한 인맥의 구조는 뭘까? 간단하지 않다. 앞서 소개한 어떤 구조 중에도 인맥과 엇비슷한 게 없다. 도시 사람들에 대한 참인 명제를 생각해보자. 보통 "체는 프랑스에 사촌이 있어" 또는 "데브와 맥스는 지난 10월에 함께 주말여행을 다녀왔어" 같은 말을 한다. "빨간색•파란색=보라색"이라는 말과는 거리가 멀다.

우리는 구조 안에서 살아간다. 대수적 정밀도로 분석하기에는 너무 복잡하지만, 구조인 건 분명하다. 먹는 것, 자는 곳, 사랑하는 사람 등의 사실은 신뢰, 무역, 권력, 노동, 강요, 전통, 책임 등을 아우르는 지방적, 지역적, 전 세계적 네트워크 안에 존재한다. 우리는 이 모든 게 이론상 어떻게 딱 들어맞는지, 모든 화살표와 점이 어떻게 연결되는지 정확히 알 필요는 없다. 모두 서로 관계있는 부분으로 이루어진 하나의 큰 체계인 것이다.

구조 안에 있다는 건 종이에 그려진 구조를 내려다보는 것과 사뭇 다르다. 밖에서 보면 모든 걸 알 수 있다. 모든 상황, 그 상황 간의 모든 관계를 한꺼번에 볼 수 있다. 여기 구조 안으로 내려오면 오로지 자질구레한 잡동사니들만 본다. 우리는 서로 교류하는 사람들만 알고 지내고, 우리 지역 너머의 소식은 그저 얼핏 듣는다. 그게 전부다.

이렇게 제한된 정보의 출발점에서 우리는 세상에 관한 많은 사실을 어떻게든 알아낸다. 그리고 패턴을 파악해 빈칸을 채운다. 상식과 논리를 바탕으로 우리에게 주어진 하찮은 정보를 새롭고 유용한 지식으로 확장한다. 어떻게 그럴까?

우리는 끊임없이 추론하고 있지만, 한 발짝 뒤로 물러서서 추론이 얼마나 놀라운 묘기를 부리는지 생각해봐도 좋겠다. 당신은 알고 있는 사실, 즉 누군가에게 듣거나 직접 확인한 사실을 머릿속에서 마법을 부리듯 이리저리 흔들어, 지금 알고 있는 새로운 사실로 바꾼다. 눈앞에 거리 표지판 하나가 보이면 지금 어디로 향하는지,

공원은 어떻게 가는지 문득 알게 된다. 해수면이 상승하고 있다는 말을 들으면 섬에 사는 사람들이 위험에 처했다는 것도 알게 된다. 체계가 복잡할수록 그렇게 술술 추론할 수 있는 게 훨씬 인상 깊게 느껴진다.

하나의 사실에서 또 다른 사실로 뛰어들 때 무의식적으로 어떤 일이 벌어질까? 어떤 경우에 안전하게 추론할 수 있고, 또 어떤 경우에 사실이 아닌 결론에 성급하게 도달할까?

수학자들은 흥미와 실용성에서 추론을 연구한다. 추론 과정을 과학적으로 파고들면 공식화하고 자동화할 수 있을지도 모른다. 몇 가지 기본 사실들을 플러그에 꽂아 '추론' 단추를 누르는 것만으로도 체계에 대한 모든 사실을 배울 수 있을 것이다(물론 꿈같은 소리다).

불행하게도, 현실 세계는 복잡하고 체계화하기 어렵다. 수많은 일이 일어나는 데다 명확한 규칙도 없다. 그럼 어떻게 할까? 우리가 추론으로 끌어내자! 우리는 세계를 훨씬 더 단순하게 보는 방법을 검토하고 그 세계에서 추론이 어떻게 작동하는지 조사한다. 지나치게 단순화한 여러 시나리오로 미리 상황을 살피면 추론의 작동 원리를 파악할 수 있다.

자, 그럼 시작해보자. 우리가 추론할 수 있는 간단한 체계는 뭘까? 지난 장에서 기본 구조의 예를 대충 살펴보길 잘했다. 그중 하나를 이용할 수 있으니까. 가계도로 해보자. 당신이 추론하고 있는 체계가 가계도라면 추론은 어떻게 작동할까?

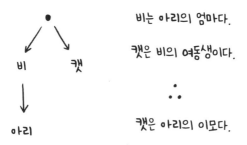

비는 아리의 엄마다.

캣은 비의 여동생이다.

∴

캣은 아리의 이모다.

내가 "비는 아리의 엄마다"라고 말하자, 당신은 "캣은 비의 여동생"이라는 사실을 알았다. 그러면 이렇게 추론할 수 있다. 캣은 아리의 이모가 틀림없다.

이 특별한 추론은 아리, 비, 캣에 관한 사실이지만, 분명 다른 경우에도 같은 추론 패턴이 적용될 것이다. 비에게 젭이라는 또 한 명의 아이가 있다면, 캣은 젭의 이모이기도 하다는 사실을 알게 된다. 만약 캣에게 여동생이 있는 아버지가 있다면, 캣에게는 고모가 있을 것이다. 모든 가계도에 걸쳐 상상해보면, 항상 고모(이모)를 결정하는 일반적인 추론 규칙이 있다.

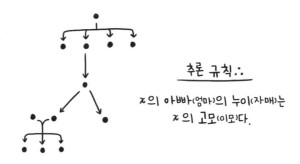

추론 규칙 ∴

x의 아빠(엄마)의 누이(자매)는
x의 고모(이모)다.

물론 이러한 관계를 "규칙"이라고 부르는 건 지나친 해석일 수 있다. 고모나 이모 관계를 결정할 때마다 공식 규칙서를 참조해야 하는 건 아니다. 아마도 당신은 캣이 아리의 이모라고 직감으로 알았을 것이다.

우리의 목표는 말 그대로 인간의 뇌가 시스템을 어떻게 추론하는지를 이해하는 게 아니다. 그건 심리학자나 신경과학자가 따질 문제다. 우리의 관심은 추론 그 자체에 있다. 누가 어떻게 추론을 하는지와 상관없이 어떤 유형의 추론이 정당한지 알고 싶을 뿐이다. 추론 규칙은 체계 안에 있는 논리를 말해준다. 하루 중 어느 때든, 어떤 마음 상태든, 엄마의 자매는 이모다. 끝.

이모의 예는 추론처럼 보이지도 않는다. 그래서 지난 장에서 살펴본 또 다른 구조인 게임 나무로 생각해보자. 만약 틱택토에서 특정 이동을 했을 때 상대방에게 양쪽으로 당한다는 사실을 알게 된다면, 함부로 이동하지 않을 것이다. 그것이 추론이다. 그리고 그 추론은 추론 규칙을 따른다.

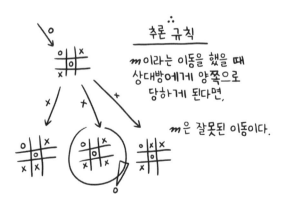

훨씬 간단한 예가 있다. 바로 순서 집합Ordered Sets이다. 만약 태양이 지구보다 나이가 많고 지구가 달보다 나이가 많다는 걸 안다면, 태양이 달보다 나이가 많다는 것도 자연스레 알게 된다.

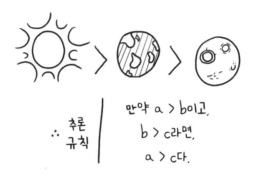

(지난 장에서 설명한 구조 유형에는 순서 집합을 포함하지 않았지만, 사실 누구나 바로 알 만한 개념 아닌가?)

이처럼 모든 기본 체계에서 우리는 추론 규칙에 따라 추론한다. 특정 패턴이 있는 체계라면 누구나 추론할 수 있고 그 패턴을 추론 규칙으로 쓸 수 있다.

각 체계에는 고유한 추론 규칙 집합이 있으므로 해당 체계의 특정 지식 구조를 반영한다. 체커 게임을 추론할 때는 당연히 항해나 사회 운동을 추론할 때와는 다른 추론 규칙을 따른다. 우리가 수학에서 다루는 예들은 늘 기본적이고 단순하지만, 훨씬 복잡한 현실 세계의 체계 역시 추론 규칙이라고 기록할 만한 일관된 논리가 있다고 생각할 수 있을 것이다.

모든 체계에서 추론 규칙의 기본 형태는 이와 비슷할 것이다.

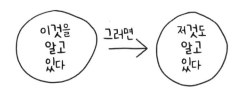

추론 규칙은 간단하지만 엄청 강력하다. 어떤 체계의 추론 규칙을 목록으로 작성하면 새로운 지식이 담긴 고속 기억 장치를 잠금 해제할 열쇠를 찾을 수 있다. 이것이 바로 연쇄 반응-Chain Reaction이다. A로 B를 추론하고, B로 C를 추론하면 그다음에는 D, 그리고 E…. 그때 A와 D가 동시에 참이라는 사실을 알면 또 다른 명제 P도 참이라는 것을 알 수 있다. 그러면 새로운 추론 사슬이 시작되고, 더 나아가 이미 알고 있는 다른 사실과 결합하며 계속 늘어난다. 누군가 '짠!' 하고 새로운 사실 하나를 알려주면, 그 사실은 서로 관계있는 진실들과 어우러져 빽빽한 거미줄로 확장한다.

수많은 대수학, 학교에서 배우는 대수학뿐만 아니라 추상 대수학도 엄격한 추론 규칙을 신중하게 적용한다. x값을 구해야 하는 학교 대수 문제를 생각해보라. 처음에는 어떤 대수적 표현으로 체계에 대한 사실을 나타낸다. 그러고 나면 추론 규칙을 적용하기 시작한다. "만약 이 등식이 성립하면, 양변에 하나를 더해도 여전히 성립한다." 단계별로 기본적인 추론을 진행하고, 그 과정이 끝날 때쯤이면, "자, 보라고!"를 외치며 x가 뭔지 알게 된다.

이따금 x는 그저 x일 뿐이다. 그러한 대수학 숙제에서는 마지막 결과에 큰 의미를 두지 않을 것이다. 그래서 x가 아무것도 아닌 것처럼 느껴지기도 한다. 하지만 이러한 형식 추론 절차는 실생활에서도 사용될 수 있으며, 사실상 새롭고 유용한 정보를 만드는 데 성공한다. 수백만 개의 사례 가운데 한 가지 예를 들자면, GPS는 위성 세 대까지의 거리를 측정한 다음, 기하학적 추론 규칙을 이용해 정확한 위치를 알아낸다.

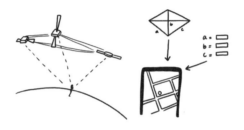

오늘날 우리가 사는 세상은 이처럼 엄격하고 체계적인 추론 과정으로 가득 차 있다. 그 과정은 우리가 사용하는 기계 안에 있다. 날씨를 예측하고, 안전 경고를 발령하고, 교통망과 무역망, 정부 프로그램을 관리한다. 기업은 대수학으로 기업 이윤을 늘리고, 광고주는 알고리즘으로 우리가 원하는 상품을 (교묘한 정확도로) 예측한다. 이론물리학자는 실제로 추상 대수학을 이용해 쿼크라고 불리는 아원자 입자의 존재를 예측했는데, 훗날 실험을 통해 그 입자의 존재가 확인되었다. 그렇다고 추론이 새로운 시대에 등장한 건 아니다.

역사상 대부분의 세계 문화권에서 이와 비슷한 형식 추론 체계를 이용해 천체의 움직임을 예측해왔다.

나는 수학자들이 형식 추론 규칙의 개념을 **너무** 좋아한다고 감히 말할 수 있다. 무슨 뜻이냐면, 이유를 쉽게 알 수 있기 때문이다. 작은 핵심 사실이 난해한 지식 네트워크로 폭발할 수 있다? 정말 놀랍다! 종이와 펜을 들고 앉아 당신이 발견할 수 있는 모든 걸 생각해보라! 규칙을 따라 기호를 이리저리 움직이면 우주의 새로운 진리를 배울 수 있다. 마치 두 분수를 대각선으로 곱하며 현실의 본질을 배우는 것과 같다.

하지만 그 과정에서 사람들이 형식 추론 개념에 도취해 걷잡을 수 없을 만큼 일이 커졌다. 그들은 추론 과정을 거꾸로 적용하기 시작했다. 그래서 다음과 같이 생각했다. 만약 추론 규칙이 적은 지식을 훨씬 다양한 지식으로 바꿀 수 있다면, 한 다발의 사실을 다른 모든 걸 암시하는 작은 핵심 사실로 줄일 수도 있을 것이다.

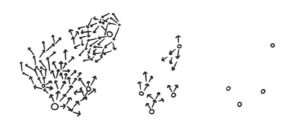

단순한 수학 체계에서는 이러한 축소 전략이 가능할 것 같다. 예를 들어 수학자는 산술의 모든 사실을 다음 다섯 개의 명제로 줄일 수 있었다.

0은 숫자다.

·

만약 x가 숫자라면,
x와 연속한 값도 숫자다.

·

0은 연속한 숫자가 아니다.

·

연속하는 수가 같은 두 숫자는 같은 숫자다.

·

만약 집합 S가 0을 원소로 하고,
S에 있는 모든 숫자의 연속한 수가 S의 원소라면,
집합 S는 모든 숫자를 원소로 한다.

이것을 공리계Axiom System라고 한다. 모든 숫자, 곱셈과 소수 등 당신이 알 수 있는 모든 사실은 이렇게 다섯 가지 공리로 추론될 수 있다.˙ 이 점이 꽤 인상적이란 사실은 인정해야 한다. 산술을 위한 간결하고 우아한 초보자용 패키지다. 다섯 가지 공리를 신중히 검토했다면 이제 이렇게 말할 수 있다. "나는 간단한 다섯 가지 공리를 알고 있다. 따라서 산술에 관해 알아야 할 모든 사실을 알고 있다." 한마디로 아주 강렬하다. 마치 막대기 몇 개를 서로 문질러 우주를 창조하는 것처럼.

사실상 다섯 가지의 공리를 실제로 사용해 새로운 사실을 증명하지는 않을 것이다. 산술의 기본적인 사실마저 다른 지식의 도움 없이 공리에서 모든 걸 시작해야 한다면, 믿기 어려울 만큼 증명하기가 어렵다. 1 더하기 1이 2라는 사실을 증명하는 게 얼마나 힘든지 다음 그림을 보라.

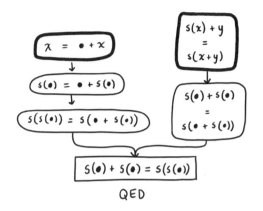

이러한 증명을 형식 증명이라고 한다. 공리에서 출발하므로 추론 규칙만 사용할 수 있다. 직관이나 상식에는 기댈 수 없고, 추론 규칙만 있을 뿐이다. 그렇다. 공리로 증명한 이전 사실을 사용해도 되지만, 궁극적으로 모든 사실은 공리와 다시 연결되어야 한다. 이러한 증명의 목적은 수사학적 의미로 보면 설득력이 없다. 형식 증명은 보통 거의 읽을 수조차 없다. 하지만 이렇게 인정된 사실의 엄격하고 정확한 체계 내에서 근거를 찾을 수 있다.

이것이 바로 수학계에서 논란이 되는 주제다. 우리는 형식 증명을 어느 정도까지 사용해야 할까? 사람들은 대개 이 책에 사용된 형식에 얽매이지 않는 직관적인 주장보다 형식 증명이 훨씬 믿을 만하다고 생각한다. 형식 증명은 엄격한 규칙을 따르고 있어 인간의 실수에 타격을 받을 일이 적다. 하지만 수많은 이들, 특히 학생들은 형식 증명이 복잡하고 정떨어진다고 한다. 그래서 형식 증명을 외국

어처럼 읽는다. 각 단계를 거쳐야 하는 이유나 전체적인 근거를 설명하지 않고, 되도록 간결하게 나타내곤 한다.

어느 쪽을 택하든 한 가지는 분명하다. 형식 증명은 이미 자리를 잡았다. 교실이나 비공식적인 환경에서 아직 직관을 사용하곤 하지만, 교과서와 수학 저널의 증명은 형식적인 측면에 기대는 편이다. 문자 그대로 공리에서 시작하지 않아도, 다시 계속 이어져야 한다. 지난 세기 동안 수학계에서는 이 분야를 공리화하고 공식화하려고 함께 노력했다.

무엇 때문일까? 우리가 모든 증명을 공식화하는 데 성공한다면, 무엇을 얻을 수 있을까? 어쩌면 우리의 정리가 더욱 확실해질지도 모른다. 진실의 구조와 본질을 꿰뚫어보는 통찰력을 얻을 수도 있다. 또는 새로운 증거를 만들기 위한 컴퓨터를 프로그래밍하는 데 도움을 줄지도 모른다. 증명을 수학적 대상으로 바꾸면, 증명 자체에 대한 이론을 증명할 수도 있을 것이다. 아마 참 보기 좋을 것이다.

다만 형식주의로도 이해할 수 없는 한 가지가 있다. 형식주의는 세상을 '증명할 수 있는 참'과 '증명할 수 있는 거짓'으로 나누지 못할 것이다. 원래 형식주의를 밀어붙인 가장 큰 원동력은 참과 거짓을 판단하는 일이었다. 사람들은 어떤 명제가 참이고 거짓인지를 결정할 수 있는 체계적이고 객관적인 방법을 형식주의가 주리라 기대했다. 그러다 그 희망은 결국 영원히, 극적으로 무너졌다.

참과 거짓 사이에 잘 알려지지 않은 세 번째 상태가 있다고 했던 말 기억하시는지? 이제 그 얘기를 할 차례다.

두 가지 수학 게임

"동전 게임 1"

→ 탁자 위에 동전을 놓는다.

→ 두 선수가 번갈아 경기한다.

→ 자기 차례에 동전 하나 또는 두 개를
가져온다.

→ 마지막 동전을 가져가는 사람이
이긴다.

승리 전략을 찾는 난이도:

중하

"동전 게임 2"

→ 크기가 다른 동전 더미 두 개로
시작한다.

→ 두 선수가 번갈아 경기한다.

→ 자기 차례에 둘 중 하나를 고른다.

a. 한 더미에서 동전을 원하는 개수만큼
가져온다.

b. 두 더미에서 각각 동전을 똑같은
개수만큼 가져온다.

→ 마지막 동전을 가져가는 사람이 이긴다.

승리 전략을 찾는 난이도:

중상

사색 정리

모든 지도는 네 가지 색만 있으면 이웃하는 나라가 다른 색이 되도록
칠할 수 있다.

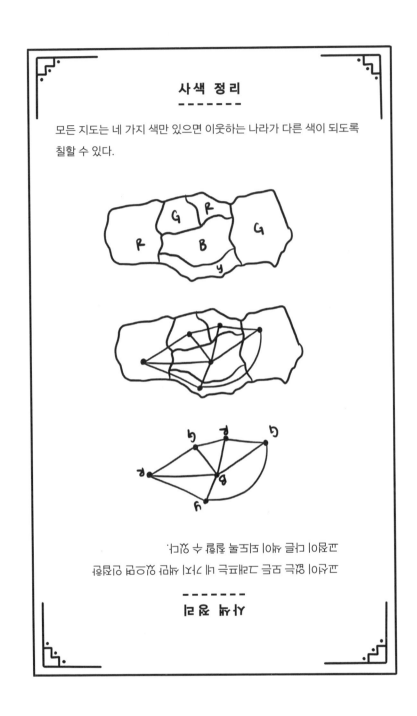

모든 지도는 네 가지 색만 있으면 이웃하는 나라가 다른 색이 되도록
칠할 수 있다.

사색 정리

정십이면체 그리는 법

- 모든 변의 길이가 같고 모든 내각의 크기가 같은 정오각형을 그린다.
- 그 아래에 같은 크기의 또 다른 정오각형을 거꾸로 그린다(더 연하게).
- 각 꼭짓점에서 중심으로부터 멀어지는 짧은 선을 긋는다.
- 열 개의 선분으로 연결한다.

정이십면체 그리는 법

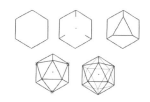

- 모든 변의 길이가 같고 모든 내각의 크기가 같은 정육각형을 그린다.
- 이웃하지 않는 세 꼭짓점에서 중심을 향해 짧은 선을 긋는다.
- 정삼각형으로 연결한다.
- 정육각형의 나머지 세 꼭짓점을 가까운 정삼각형의 꼭짓점과 연결한다.
- 선택 사항: 정육각형을 거꾸로 돌려 모든 단계를 다시 반복한다(더 연하게).

수학 기초론

Foundations

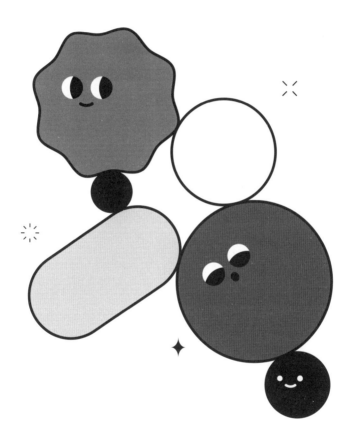

그러니까 어떤 명제는 참으로 증명될 수 있고, 어떤 명제는 거짓으로 증명될 수 있어요. 그리고⋯

저, 잠시만요. 뭔가 의심스러운 구석이 있어요.

네?

음, 아까 우리가 증명을 살펴보고 있었잖아요. 우리가

뭔가를 주장하면 그 주장이 왜 참인지에 대한 설득력 있
는 근거가 있겠지요. 하지만 지금은 "증명되었다", "밝
혀진 대로" 같은 말만 하고 있네요. 어떻게 된 건가요?

살펴볼 게 많으니까요! 모든 증명을 일일이 검토할 수는
없어요. 제가 몇몇 멋진 증명을 직접 고르긴 했지만, 솔
직히 많은 증명이 지루해요. 장황한 세부 사항을 하나하
나 따지며 당신을 따분하게 하고 싶지 않았어요.

하지만 이 모든 증명을 직접 보신 건가요? 완전히 설득
력이 있었나요?

네, 대부분 그랬어요. 몇몇 증명은 정말 훌륭하고요. 원
한다면 보여줄 수도 있어요. 아주 설득력 있지요. 빈틈이
하나도 없었거든요. 제가 직접 확인하지 못한 증명도 있
지만, 증명된 적이 있다는 건 알아요. 항상 인용되고 사
실로 받아들여지는 만큼 유효한 증명이지요.

유효한 증명이라는 판단은 누가 하나요? 당신의 판단에
의문을 제기하려는 게 아니에요. 단지 사람들은 늘 의견
이 다를뿐더러, 한 사람에게 설득력이 있다고 해서 다른
사람에게도 설득력이 있는 건 아니잖아요. 당신도 늘 만
장일치 배심원단만 만나지는 않겠지요. 그러니 당신에게

그 증명이 유효한지 아닌지에 대해 따지는 사람들이 있을 테고요. 심지어 정말 똑똑하고 수학을 잘하는 사람들까지요.

그렇지요. 반박하는 사람들도 있어요. 하지만 우리가 지금 법정에 있는 게 아니잖아요. 돈을 받고 특정 편을 드는 사람은 아무도 없어요. 뭐가 참인지 모두 함께 알아내는 중이니까요.

그렇긴 하지만…

게다가 수학은 사람들이 보통 논쟁을 벌이는 주제보다 훨씬 덜 복잡해요. 말하자면 우리는 지금 이 책에서 기본 도형과 구조를 이야기하고 있잖아요. '의견이 분분한' 내용이 없지요. 이랬다저랬다 하는 부분이 그렇게 많지 않아요.

물론이지요. 하지만 당신이 소개한 몇몇 증명들조차 제게는 약간 어리둥절했어요. 이해는 되지만, 세상에서 가장 명백한 건 아니거든요. 그리고 제게 보여주지 않은 장황하고 복잡한 증명 가운데 일부는 당신도 확인하지 않았다면서요…. 그런데 제가 어떻게 그 증명을 믿어야 하나요? 얼마나 의심스러운지 아시겠어요?

정말 그렇겠군요.

모든 사람이 받아들인 '증명'이 나중에 잘못된 것으로 밝혀진 적도 있잖아요.

음… 네, 맞아요. 하지만 그건 정말 예외일 뿐 규칙은 아니에요. 우리는 동료 심사를 비롯한 모든 검증으로 대단한 정평이 나 있어요. 그래서 유효한 증명이 무엇인지에 대해 매우 엄격해요.

하지만 그런 일이 일어나긴 했지요?

그래요. 하지만 정말 한두 번뿐이었어요. 손가락으로 꼽을 만큼이요.

어떤 정리였나요?

사색 정리였어요. 가상의 세계 지도에 여러 나라가 있고, 이웃한 두 나라는 다른 색이 되도록 지도를 색칠할 때 네 가지 색이면 충분하다는 정리예요. 어떤 지도든 상관없이요.

그게 정말 참이 아니었나요? 거짓이었나요?

아뇨, 아뇨. 참이에요! 하지만 오래전에 누군가 알아낸
증명이 있었어요. 아름다우면서 비교적 간단한 증명이었
지요. 동료 심사도 통과했고 모든 사람이 만족했어요.

그런데 누군가가 오류를 발견했군요.

맞아요. 그래서 그 증명은 무효가 됐어요. 한 가지 예외
가 있었거든요. 사람들은 예외를 반영해서 그 정리를 고
쳐보려 했지만, 아무도 성공하지 못했어요. 그래서 그 정
리는 증명되지 않은 상태로 되돌아갔어요. 결국 사색 추
측Four-Color Conjecture이 되었지요.

잠깐만요. 그러면 그 정리가 참인지 어떻게 아나요?

지금은 증명됐으니까요! 컴퓨터로 알아냈거든요. 완전히
다른 증명으로요. 수백 쪽에 달하는 견고한 그래프 이론
이 한몫했어요.

하지만 봐요. 당신은 여전히 그 새로운 컴퓨터 증명이 참
과 거짓을 밝히는 궁극적인 결정자인 듯 말하잖아요. 또
잘못되면 어떡해요? 뭔가 실제적인 것과 연결해야 해요.
안 그러면 그냥 자기 꼬리를 잡으려 하듯 빙글빙글 돌게
되니까요. "수학이 그러는데 x가 참이래. 그럼 맞는 거잖

아. x는 참이야. 왜? 수학이 그렇게 말했으니까."

그럼 우리가 모두 틀렸다고 생각하는 거예요? 모든 수학자들이 다 똑같이 체계적으로 틀렸다는 건가요? 그럴 가능성이 얼마나 될까요?

전에도 그런 일이 있었잖아요? 역사적으로도 비일비재하고요. 다들 같은 증명을 체계적으로 틀렸다고 말했으니까요. 그래도 단지 참이라는 말만 하고 딱히 의문을 제기할 생각을 하지 않잖아요. 그 증명이 잘못되었다고 말하면 수학계에서 배척되거나 창피당할 수 있으니까요.

그래요….

그리고 전 이 모든 게 딱 잘라 **잘못되었다고**, 객관적으로 틀렸다고 말하는 게 아니에요. 그냥 상황 문제 아닌가요? 문화는 우리가 어떤 걸 보고 참이거나 명백하다고 생각하는지에 분명 영향을 미치니까요. 그렇기 때문에 수학계도 당신이 유효하다고 인정할 증명에 어느 정도 공감대를 갖는 거지요. 뭐, 좋아요! 당신이 그 규칙들을 따르는 걸 말리진 않겠어요. 단지 왜 다른 사람들도 모두 그 사실을 주어진 그대로 받아들여야 하는지 모르겠다는 말이에요.

맞아요, 당연해요. 상황이 중요하지요. 한 무리의 사람들이 체계적으로 다 틀릴 수도 있고요. 정치나 도덕 같은 분야에서 뻔히 일어나는 일이고, 과학에서도 마찬가지니까요. 지금은 아니지만 한때 과학계가 합의를 이루었던 사례가 많이 있었지요. 거머리나 황담즙 같은 것들이요. 그리고 사람들이 과학 언어를 단지 인종차별주의적인 정치 이념을 적는 데 쓰던 과학 분야 전체가 그랬지요.

그러니까요!

하지만 제 생각에 수학은 달라요. 정말로요! 왜 그런지 말해볼게요.

한번 말씀해보세요.

수학은 결코 하나의 고립된 문화가 아니에요. 수학을 하면서 자기 입지를 강화하고 반대파를 처벌하는 것 같은 일은 하지 않아요. 우리가 아는 한, 모든 인류문화는 독립적으로 수학을 생각해냈어요. 말하자면 '어느 나라에서든 똑같다'는 거예요.

좋은 지적이군요.

천문학, 지리학과 항법, 계산 및 기록 보관, 기하학, 건축, 몇몇 화폐와 도박 형태, 논리적 추론, 관개, 측정, 건설… 이 모든 도구는 우리가 아는 거의 모든 사회가 따로따로 개발했어요.

그러게요. 우리 모두가 계산을 틀리리라고는 보통 생각하지 않지요. 만약 그렇다면 조정하기 힘들겠네요.

물론 여기서는 줄에 매듭을 지어 수를 세고 저기서는 땅에 작대기를 그어 수를 셀 수는 있겠지만, 생각은 모두 같아요. 언어도 다르고 표기법도 다르지만 모두 거의 같은 수학을 하는 거니까요.

모두 다요? 물론 산술, 기하학은 그렇지만, 다 같은 수학이다? 당신이 얘기한 대칭군이나 사색 정리, 무한 대 연속체 전부? 모든 문화가 이렇게 정확한 개념을 전부 자기네 식으로 해석한다는 건가요? 믿기 힘든데요.

좋아요. 간단히 말하면 아니에요.

역시!

왜냐하면 각 문화는 서로 다른 수학 분야에 집중했으니

까요! 마야인은 달력에 푹 빠졌고, 피타고라스학파는 비율에 집착했어요. 그래서 그 분야가 점점 발전했지요. 확실히 그건 다양한 가치나 우선순위, 미학 등등 문화적인 것과 관련이 있었어요. 그렇다고 해서 수학 자체가 유효하지 않았던 건 아니에요! 여러 문화가 같은 수학을 들여다볼 때마다 항상 같은 사실을 발견하니까요.

항상요?

제가 아는 한 그래요.

음. 그럼 이건 어떤 문화예요? 당신은 특정한 수학 규범을 끌어내고 있잖아요, 그렇지요?

무슨 뜻이에요?

당신이 수학의 세 가지 주요 영역을 위상수학, 해석학, 대수학이라고 말할 때는 거기에 특정 문화가 반영된 것 아닌가요? 그리고 증명된 명제든 아니든 간에, 동료 심사라는 특정 공동체를 따른 것이고요.

맞아요. 사실이에요. 수학 문화로 따지면, 지금은 역사적으로 벌어졌던 과거의 상황과는 조금 다른 것 같아요.

현재 우리는 비행기, 인터넷을 비롯해 모든 걸 두루 갖추고 세계화되었어요. 당신이 세계 주요 도시에서 수학에 대한 이야기를 나누든, 나이로비나 상하이, 케임브리지 같은 어느 유명 대학에서 수학을 공부하든, 같은 내용을 배우겠지요.

그래도 그건 전통이잖아요. 현대적이고 세계적인 수학 전통이요. 이 전통은 어디서 온 건가요?

음, 유럽이 식민지화와 제국주의를 통해 나머지 세계에 강요했지요. 하지만 실제 수학 자체는 어땠을까요? 표기법이나 중점을 두는 주제 그리고 우리가 사용하는 구체적인 방법을 자세히 들여다보면, 대부분 아랍과 아프리카 이슬람교도들의 수학 전통에서 비롯되었어요.

맞아요. 저도 그렇게 생각했어요! 숫자도 사실상 아라비아 숫자라고 하잖아요.

그러니까요. '알고리즘'도 원래 누군가의 이름이지요. 무함마드 알콰리즈미Muhammad al-Khwarizmi요. 마치 십자드라이버를 '필립스 드라이버'라고 부르는 것처럼요. 알고리즘이란 말이 "이건 알 콰리즈미의 생각이었다"라는 뜻이에요. 대수학Algebra도 마찬가지고요. 아랍어인 '알자브르aljabr'를 잘못 발음한 단어거든요. 유럽 어떤 언어에도 그런 단어는 없어요. '알자브르'는 방정식의 항을 다른 변으로 옮긴다는 뜻이에요. 그래서 대수학이 됐어요.

그럼 이게 다 아프리카에서 왔군요?

지금 우리가 북아프리카와 중동이라 부르는 어딘가였지요. 그때는 대륙이 나눠지지 않았어요. 단지 서로 아이디어를 교환하고 소통하는 사회망이었고요. 그리고 반세기 동안 유럽과 바이킹은 서로 싸우느라 정신없었지만, 이슬람 세계는 오랫동안 평화와 번영을 누렸어요. 그러니 여유롭게 수학을 생각할 시간이 많았겠지요!

그때 우리가 학교에서 배우는 대부분의 산술과 대수학 기법이 탄생했어요. 미지수 구하기, 소수점, 무리수, 다항식과 2차방정식, 완전제곱식 만들기 등등이요. 오늘날 우리가 주목하는 것, 즉 세계에 널리 퍼져 있는 수학 문화를 곰곰이 생각해보면 모두 추상화나 기호 조작, 체계적인 알고리즘 과정에 관한 거예요. 전부 이슬람 전통에 뿌리를 두고 있지요.

하지만 냉정하게 따지면 어떤 문화도 홀로 수학을 한 건 아니에요! '아라비아 숫자' 체계는 산스크리트 시로 수학을 기록한 힌두교 학자들에게 빌렸으니까요. 그리고 중국에는 이미 주판이 있었고, 모든 사람이 주판 사용법을

알았어요. '알자브르'는 바로 옆 유럽에서 인기를 끌었지
요. 유럽인들은 수백 년 동안 유럽 최고의 학교에서 아랍
어 교과서를 번역한 책으로 수학을 가르쳤어요.

　　　　　　멋지군요. 수학의 유래를 알게 되어 좋네요. 하지만 전
　　　　　　아직도 당신이 좀 회피하는 것 같군요.

회피한다고요?

　　　　　　현대 세계 수학 문화에 관해서요. 그것 역시 이슬람 세계
　　　　　　에서 나왔잖아요. 하지만 당신이 말한 대로 수학을 세계
　　　　　　적으로 알린 건 유럽이었어요. 혹시 제가 틀렸다면 정정
　　　　　　해주세요. 하지만 당신이 말하는 현대 수학, 그러니까 x
　　　　　　값을 구하는 고전 수학이 아니라 대학에서만 가르치는
　　　　　　미친 이론들 말이에요. 대부분 유럽인에게서 들은 것 같
　　　　　　은데, 아닌가요? 제가 볼 땐 확실히 의심스러워요. 문화
　　　　　　에 뿌리를 두지 않은 보편적이고 객관적인 참된 수학이
　　　　　　라는 것 말이에요.

글쎄요, 전 역사학자가 아니니까요. 하지만 당신과 전 지
난 몇 세기 동안 식민지국 사람들이 폭력적이고 억압적인
시기를 보냈다는 걸 잘 알고 있어요. 사실 유럽 밖 어디
에서나 그랬지요. 세상 사람들 대부분이 학계라는 상아

탑 근처도 가보지 못했던 때에 대부분의 정리가 증명되
었으니까요.

맞아요! 게다가 만약 수학계 전체가 뭉개지고 재편성된
다면, 당신의 최우선 과제가 어떤 게 도형인지 궁금해하
며 분필과 노닥거리는 일은 아니게 되겠지요.

그럴지도요. 이렇게 독단적인 역사적 사건이 어쩌다 우리
의 잠재적인 수학적 재능을 빼앗을 수 있었는지 정말 유
감스러워요. 저는 유명한 남자 수학자의 전기를 읽을 때
마다 늘 생각했어요. 만약 당시 그 수학자가 여자로 태
어났다면 이야기가 어떻게 전개되었을까 하고요.

그 생각을 하니 우울해지는군요. 수학은 분명 강력해요.
그러니 사람들이 축적하고 독점하려는 게 당연하지요.

참 이상한 충동이에요. 수학의 요점은 완전히 보편적이
어야 한다는 것이잖아요!

맞아요. 당신 말마따나 수학은 완전히 참된 것이지요.
백인 남자들이 수학을 지배하게 된 건 단지 정치와 관련
된 최근의 역사적 사건일 뿐이고요.

그래요.

그렇다면 여전히 편견이 생기지 않을까요? 만약 논문을
검토하고 시험지를 채점하는 선생님이 백인 남자들이라
면, 그 사실이 어떤 내용을 가르치고 어떤 것을 참으로
받아들이는가에 영향을 주지 않을까요?

전 아직도 그런 일이 수학의 근본을 바꾸는지 잘 모르겠
어요.

정말요? 어떻게 안 그럴 수가 있어요?

이렇게 말해야겠군요. 전 세심하게 연구되고 우선시되는
특정 영역에 수학이 얼마나 영향을 미치는지 알아요. 심
지어 사람들이 어떤 개념을 생각해내거나 놓칠 때도 영향
을 주지요. 하지만 수학 자체는 이미 거기 있었어요. 만
약 당신이 어떤 명제가 참이라고 증명한다면, 전 그게 정
말 참이라고 생각해요.

흠.

알겠어요. 이제 참과 거짓 사이에 있다는 그 상태를 말해

봐요.

좋아요. 당신이 그 얘길 정말 좋아할 것 같군요. 수학은
모두 꾸며낸 것일 수도 있다는 당신의 주장을 뒷받침하
니까요.

흥미가 생기는데요.

하지만 이 결과는 당시 수학자들에게 정말 큰 문제였다
는 걸 알아야 해요. 참과 거짓을 구분하는 완벽하고 순
수한 결정체인 수학의 통찰력을 산산조각 냈으니까요.
수학의 고수들조차 인정하길 꺼리며 모호하게 굴었지요.
사실 우리는 아직도 그 충격에서 완전히 회복되지 않았
어요.

그렇군요. 그게 뭐였어요? 참과 거짓 외에 뭐가 있지요?

잠시만요, 먼저 맥락을 알려드리고 싶어요. 배경지식이 필요하거든요.

좋아요, 물론이지요.

100년 전쯤 일어난 일이에요. 제국주의가 절정으로 치닫자 세계대전으로 이어졌어요. 이와 관련된 등장인물들은 아마 당신도 예상할 거예요. 부유한 백인 남자들, 값비싼 과외를 받을 수 있었고 여유 시간이 많았던 사람들. 몇몇 왕족과 귀족도 그 무리에 섞여 있었어요.

그랬겠지요.

그때 수학에서는 사소한 공황이 일어났어요. 당신이 말하는 바와 거의 비슷해요. 이게 참인지 어떻게 알 수 있을까? 당시 추상 대수학의 흐름이 정말 거셌던 무렵이라 모든 수학적 연구가 심층 구조와 논리 자체의 본질에 대한 것이었어요. 수많은 수학이 공리, 형식 체계, 점, 선으로 축소되어 수학 기호들이 난해한 규칙에 따라 이리저리 움직이고 있었지요. 사람들은 '이게 대체 무슨 일이야?'라고 생각하기 시작했어요.

일리 있군요. 기본적인 직관 논쟁에서 추상적인 형식 게

임으로 넘어가면, 자기가 정당하다는 자신감이 줄어들기
마련이지요.

맞아요. 끔찍하지요. 왜 그럴까요?

그 사람들이 걱정거리가 생겼다고 인정하다니 멋진데요.

뭐, 많지는 않았어요. 하지만 한두 명으로도 분란은 일
어나지요. 네덜란드의 한 위상수학자가 "수학은 인간 직
관의 연장선"이라는 말을 했어요. 그러고는 형식적인 수
학의 정당성과 평판을 위협하는 온갖 당혹스러운 철학적
주장을 내놓기 시작했지요.
그러자 다른 수학자들이 격노했어요! 몇몇은 그 위상수
학자를 최고의 수학 저널인 〈수학 연보Mathematische Annalen〉
의 이사회에서 쫓아내려고 했지요. 그 수학자가 다른 이
들에게 영향을 주고 그렇게 불경스러운 생각이 밖으로
퍼지는 게 싫었으니까요.

그게 바로 정당성을 훼손하는 거 아닌가요? 수학이 그런
옹졸한 정치의 영향을 받게 된다면?

그렇지요. 하지만 그 문제를 해결하는 최후의 결단을 내
리려고 그런 건 아니었어요. 시간을 벌기 위한 임시방편

이었지요. 그들이 궁극적으로 원했던 건, 수학적 증명이
참과 거짓을 결정하는 최종 결정자라는 사실을 마지막으
로 한 번만 더 증명하는 것이었어요.

그래서 수학이 정당하다는 걸 증명하고 싶었겠군요. 하
지만 뭘로요? 수학으로요?

그래요. 돌이켜보니 그들은 그게 효과가 있으리라 생각
했나 봐요.

그게 뻔하지 않았을까요? 제 생각엔 그들 모두 그 문제
를 바로 확인했을 것 같아요.

글쎄요, 그렇게 간단하지 않아요. 그들은 수학이 '정당'
하다는 걸 증명하려 하지 않았어요. 그건 진짜 아무 의미
도 없으니까요. 사람들은 늘 수학을 사용하니까 수학이
항상 효과 있는 것처럼 보일 거예요. 그런 면에서는 수학
이 꽤 정당하지요.
그 수학자들이 하고 싶었던 건 수학을 위한 견고한 기초,
다른 모든 것이 의지할 수 있는 바위처럼 단단한 1층을
건설하는 작업이었어요. 그때까지 '증명'의 개념은 "그게
설득력이 있나?"라는 직관에 의존했거든요. 특히 직관은
이상하고 추상적인 대상을 다룰 때 허술하고 오류가 있

는 것처럼 보이기 시작했어요. 그래서 그들은 새롭고 엄격한 증명으로 바꾸고 싶어 했지요. 누가 증명하든 절대 달라지지 않는 조직적이고 체계적인 증명으로요.

직관과 주관을 제외하고 싶어 했군요. 그 얘기 맞나요?

물론 그렇게 말할 수도 있지요.

그게 어떻게 가능한지 잘 모르겠어요. 수학자들은 엄격한 규칙들로 새로운 종류의 증명을 만들 수 있지만, 여전히 모든 이가 그 규칙들의 내용에 동의해야 하지요. 하늘에서 내려온 규칙들이 아니잖아요. 사람들이 자기 직관과 주관에 따라 만든 것이니까요.

그렇지요. 하지만 문제는 이거예요. 원래는 기본 논리에서 출발해 앞으로 차츰 나아갈 생각이었거든요.

흠, 설명해봐요.

말하자면, 사람들은 공식적인 증명으로 무엇이 적합한지에 대해 원칙적인 의견 차이를 보일 수 있어요. 어쩌면 당신은 최첨단 컴퓨터 증명을 신뢰할 수 없다고 생각할지도 몰라요. 아니면 무한 가지고 장난치지 말아야 한다고

생각할지도 모르지요. 우리가 무슨 말을 하는지 잘 모르
기 때문에 무한 집합과 관련된 어떤 증명도 믿지 못할 테
고요.

그래요. 의견이 충돌할 여지가 많지요.

네, 맞아요. 무리수는 실제로 존재하지 않는다는 주장이
계속 제기되었고, 심지어 어떤 이들은 분수가 약간 의심
스럽다며 우리가 정수만 써야 한다고 고집하지요!

그건 진짜 웃기네요. 실은 정말 흥미롭군요. 그렇게 생각
하는 사람과 얘기하고 싶어요.

하지만 그 생각을 풀어 쓰면 이거예요. 아래로 파고 들어
갈수록 더욱 견고해진다는 것. 기본 셈이 정당하다는 건
꽤 확신하지요?

물론 누군가는 그 말에조차 동의하지 않겠지만요.

사실, 맞아요. 심지어 정수만 그렇게 커질 수 있다는 수
학자도 있어요. 그래서 정말, 정말 큰 수는 존재하지 않
는다고요. 하지만 아무도 그 생각이 그렇게 타당하다고
여기지 않아요.

그래서 계획은 이랬어요. 이 유명한 수학자들은 스스로 신발 끈을 아래 구멍부터 하나씩 꿰며 차근차근 나아가려 했어요. 완전 기초부터 시작했지요. 이른바 0차 논리학에서 출발해 1차 논리학을 모두 증명하고, 그다음에는 기초 산술을 증명하고, 그다음에는 무리수를 증명하고, 그런 다음에는 허수를 증명하고, 이렇게 견고한 체계 안에서 수학적 진리로 알려진 모든 걸 하나씩 증명해 보이기로 했어요.

그러고 나면 의혹을 품은 이들이나 그들을 혐오하는 자들은 아주 멋진 공식 사과 편지를 써야 할 거라고 생각하면서요.

그 수학자들이 모든 정리를 기본 논리에 따라 일일이 재증명하고 싶어 했다고요?

생각만큼 나쁘지 않아요. 상위 영역을 하위 영역으로 '꿀꺽'할 수 있으니까요. 상위 영역에 있는 어떤 증명을 가져와 하위 영역에 있는 증명으로 변환하는 방법을 찾으면 돼요. 훨씬 단순한 대상과 규칙으로요. 그러면 기본 논리로 넘어가지요.

좋아요. 말이 되네요. 그런데 만약 누군가가 기본 논리를 믿지 않는다면요?

그럴 리가요? 당신은 **논리**도 객관적으로 참이라고 생각
하지 않나요? "P가 거짓이라면 '~P'는 참이다." 이것마
저 부인하는 거예요?

아니, 전 아니에요! 논리를 믿으니까요. 그리고 당신이
기본 논리를 가정하도록 내버려 둘 거예요. 어쨌든 당신
말은 내 편을 들어주려는 것처럼 들리거든요.
하지만 그게 바로 중요한 지점이에요. 당신은 여전히 뭔
가를 가정해야 해요! 그냥 뜬금없이 아무거나 증명할 수
없잖아요. 첫 번째 전제를 갖고 어딘가에서 시작해야 하
지요. 그게 당신의 직감에서 나올 테고요.

그러니까 어느 지점이 되면 그냥 1층이 우리의 기본 판단
이라고 하면 안 될까요? "A는 B를 의미한다. 따라서 A
는 B이다." 아닌가요?

그래도 그것 또한 가설이에요.

좋아요. 당신 말이 맞아요. 고집쟁이에게는 아무것도 증
명할 수 없지요. 기본 논리를 따르지 않는다면, 차근차
근 증명해 나아가겠다는 이 신발 끈 프로그램의 나머지
부분도 동의하지 못할걸요.
하지만 그건 당신에게 손해예요! 당신이 뭘 놓치고 있는

지 봐요! 만약 이 신발 끈 프로젝트가 성공한다면, 우리는 모든 진정한 수학적 사실을 하나의 일관된 틀, 즉 깔끔하게 정리된 구조에 넣을 수 있어요.

그렇다면 좋아요. 그 자체로도 가치 있는 목표니까요.

그렇지요. 정말 매력적이지 않나요? 참인 명제만 모두 모아 빽빽하게 엮은 지식의 틀이라니!

'참과 거짓에 대한 지식의 나무'군요.

맞아요. 그런데 논리를 믿지 않는다는 이유로 그 나무를 거절한다고요? 그러지 마요.

좋아요. 알겠어요. 수학자들이 모두 몇몇 기본 논리의 원칙에 동의한다면, 수학적 지식의 커다란 공유 체계가 생기겠군요.

그래서 수학은 물리학의 기초예요. 물리학은 화학과 생물학의 기초고요. 화학과 생물학은 인간 행동 및 기타 등등의 기초지요. 우리는 기본 논리에서 모든 주제에 이르기까지 스스로 신발 끈을 매고 모든 참된 사실을 하나의 나무에 모을 수 있을지도 몰라요. 그런 다음에는 마침내 모든 사실에 대한 객관성을 달성할 수 있겠지요. 객관성은 더 이상 복잡하고 모호한 것이 아니라 '이 수학적 진리의 나무 안에 있는 그대로'라고 정의될 거예요.

어쨌든 이런 생각이라는 거지요.

얼마나 중독성 있는 생각인지 알겠어요. 특히 사사건건 자기가 옳다고 느끼고픈 귀족들에게는요.

그렇지요. 그래서 이 남자들, 왕족과 학자 들이 차근차근 신발 끈 프로젝트를 시작해요. 게다가 꽤 잘해냈어요. 그들은 정수의 관점에서 실수를 나타내고, 단지 숫자 0과 '더하기 1'이라는 생각에서 모든 정수를 얻어내요.

진짜 멋지군요.

그들은 정말 모든 걸 하나로 끌어모았고, 거의 마무리해 가는 시점에 다다랐어요. 이제 딱 한 단계만 남겨두고 있었지요.

와, 한 단계요? 그럼 진짜 기본 논리만으로 미적분과 모든 수학 영역을 증명했다는 건가요?

그래요, 뭐, 시간이 남아도는 사람들이니까요.

마지막 한 단계는 뭔가요?

이제 산술이 완전하다는 걸 증명해야 해요. 0과 '더하기 1'로 구축한 그 조잡한 방식 말이에요. 그 방식이 산술의 모든 진리를 증명하기에 충분하다는 걸 증명해야 하지요.

좋아요, 수학자들이 그런 걸 어떻게 증명할지 잘 모르겠지만 괜찮아요. 마지막 한 단계니까.

그래서 그들은 매우 들떠 있었어요. 샴페인을 터트릴 준비를 했지요. 이제 다 왔다고 생각했거든요! 수학을 여섯 개의 공리와 네 개의 추론 규칙으로 완성했다고 자화자찬했어요. 그게 그쪽 사회의 문화 현상이었으니까요. 그러고는 《수학 원리Principia Mathematica》 같은 책들을 썼지요. 물론 그들이 미쳤다고, 절대로 할 수 없다고, 모든 게 무의미하다고 말하는 사람들도 있었어요. 하지만 수학자들은 그 사람들의 말을 듣지 않았어요. 그 사람들은 〈수학 연보〉 이사회에 속하지 않았으니까요.

그런데 뭐가 잘못됐나요?

재앙이 덮쳤지요. 아주 굴욕적인 재앙. 수학자 무리 중

한 명이 한 방 먹이고 말았어요.

이럴 수가!

괴델Kurt Gödel이라는 이 동료는 그들의 1차 논리가 완성되었다는 걸 증명한 바로 그 사람이었어요. 위대한 영웅이었지요! 이미 20대에 그 사실을 증명했기 때문에 또 다른 큰 돌파구를 마련할 시간은 충분했어요. 그래서 산술이 완전하다는 걸 보여줄 사람도 바로 그 사람이어야 할 것 같았지요.

제가 추측해보자면 괴델은 조잡한 산술 모형이 완전하지 않다는 걸 증명했겠군요.

훨씬 최악이었어요.

대체 어쨌는데요?

괴델은 **모든 가능한** 산술 모형이 아예 불완전하다고 증명했어요.

그래서…

그래서 신발 끈 프로젝트는 불가능했어요. 수학의 모든 진리를 하나의 형식 체계로 증명할 수는 없었지요. 산술의 모든 진리를 하나의 형식 체계로 증명할 수도 없고요.

와, 그럼 그걸 어떻게 증명하지요?

연속체를 무한 목록에 넣을 수 없다는 것을 증명할 때 쓰는 주장과 비슷해요. 산술의 모든 진리를 담고 있을 것 같은 어떤 체계를 이용하면 사라진 진실을 발견할 수 있어요. 말하자면 이런 문장을 찾게 되는 거예요. "이 명제는 그 공리로 증명될 수 없다."

하하… 좋아요. 어떻게 될지 알겠네요.

그리고 만약 그들이 사라진 진실을 새로운 공리로 추가하려 한다면, 음, 당신도 같은 과정을 다시 실행하고 "이 명제는 그 공리들로 증명될 수 없다"라는 새로운 문장을 찾을 수 있겠지요.

좋아요. 게다가 중요한 건 다른 모든 이들이 괴델의 증명이 타당하다는 데 동의했다는 거군요.

맞아요, 그랬지요. 아무도 부정할 수 없었어요. 너무 많

은 게 위태롭다 보니 괴델의 논리에서 흠을 찾을 수 있는
사람은 아무도 없었지요. 빈틈이 없었거든요. 결국 그들
은 괴델의 증명을 출판해야 했어요.

와, 그들의 결정이 존경스럽군요.

그게 다였어요. 꿈은 산산조각이 났지요. 그들은 《수학
원리》를 아무도 찾을 수 없도록 멀리 치워둬야 했어요.
그들 중 몇몇은 수학을 그만두고 철학으로 전향했지요.
또 몇몇은 형식 의미론, 언어학, 계산 이론, 나중에 초기
프로그래밍 언어로 바뀐 분야들을 연구했어요.

놀랍지도 않네요. 이러한 공리 체계는 코딩 언어와 비슷
한 것 같아요. 온갖 조건문들, 수많은 변수들, 엄격한 규
칙들이 있으니까요.

알고리즘도 마찬가지지요. 수학자들은 완벽한 신발 끈
체계로 새로운 사실을 자동으로 생성하는 방법에 대한
단계별 알고리즘을 이미 고안해냈어요. 초창기 컴퓨터들
은 서로의 사진을 보는 곳이 아니었지요. 알고리즘 같은
체계적인 계산을 수행하기 위해 고안된 기계였으니까요.
말하자면 **계산용**이지요.

좋아요, 아주 좋아요. 멋진 이야기군요. 그들은 자동 참
기계를 만들 뻔했지만, 그다음에는 그러지 않았지요.
불가능하다는 걸 알았으니까요.
그렇다면 참과 거짓 사이에 있는 상태는 뭘까요?

글쎄요. 제가 "참과 거짓 사이에 뭔가가 있다"라고 그렇
게 무덤덤하게 말할 수는 없어요. 괴델의 증명이 무엇을
의미하는지, 그걸 어떻게 해석해야 하는지에 대해 아직도
의견이 분분해요. 그게 무슨 뜻일 것 같아요?

무슨 뜻이냐고요?

어떤 형식 증명 체계도 모든 수학적 진리를 증명할 수 없
다는 말이에요.

음. 별로 충격적이진 않군요. 당신도 보편적인 진리와 객
관적인 증명을 말할 수 있잖아요. 그리고 어쩌면 세상에
존재할 수도 있고요. 누가 알겠어요? 하지만 실제적인
문제로서, **실제로**, '증명'은 늘 사람들이 수긍할 만한 것
을 말해요. 그리고 그 증명은 직관, 주관성, 사회적 맥락
에 바탕을 두고 있고요. 달리 방법이 없으니까요.
항상 자기가 옳다고 믿는 사람들 무리가 있지 않았나요?
단지 모든 사람이 옳다고 생각하는 방식이 아니라, 정말

옳은 거요. 객관적으로도 신이 당신에게 동의할 만한 그런 것들이요. 그래서 그들은 그 믿음이 머릿속에만 있는 게 아니라는 걸 증명하려고 무던히 애썼지요. 동의하지 않는 사람들은 모두 틀렸고, 그들이 매우 어리석다는 걸 보여주려 했잖아요.

그래서 이 사람들은 수학에서 직관을 빼내고 진리를 공식화하려 했어요. 정말 대담한 일이지요. 그건 인정해요. 마치 그들이 전력을 다할 만한 모든 자원을 가진 것처럼요. 그래서 잘되지 않았지요. 전 이렇게 생각해요. 참이 워낙 다루기 힘든 거라 인간의 질서와 통제 관념에 따르지 않는다고요.

타당한 견해군요. 그렇게 생각하는 이유를 알겠어요.

그럼 당신은요? 괴델을 어떻게 해석하지요?

음, 전 오락가락해요.

어쩌면 제가 구식일 수도 있지만, 전 여전히 수학이 참이라고 생각해요! 그리고 참이 무엇인지, 참에 어떤 구조나 리듬이 있는지에 대해 많은 걸 가르쳐준다고 생각하고요. 증명은 중요해요. 물론 논리도 중요하고요. 증명이나 논리는 우리의 의지를 현실에 구속하려는 어리석은 시도가 아니에요. 사실상 우주가 서로 어떻게 어울리는

지에 대한 뭔가를 반영한다고 생각해요.

수학에서, 어떤 명제는 참일 수도 있고 거짓일 수도 있어요. 그리고 괴델에 따르면, 어떤 명제는 둘 다 아니고요. 어떤 명제는 증명할 수 없어요. 그들이 말한 대로 "ZFC의 공리계(집합의 의미와 구성 원리를 공리로 설명하는 공리적 집합론-옮긴이)에서 독립적"이지요. 답이 없는 질문이에요. 우리가 아직 찾지 못해서가 아니에요. 단순히 참의 가치가 정의되지 않았기 때문이지요.

그러면 두 가지 선택이 남아요. 둘 다 좋지 않은 선택이지요. 우리는 진짜 세 번째 범주가 있다고 말할 수 있어요. **알 수 없는 것**, 또는 결정하지 못하는 상태예요. 아니면 우리가 참이 증명 가능성과 같지 않다는 것, 결코 증명할 수 없는 참인 명제가 있다는 것, 그리고 그 명제에 접근할 수 있는 유일한 수단은 '형이상학적 직관'처럼 선명하지 못한 것임을 받아들여야 해요.

하지만 그건 제 견해일 뿐이고, 의견 차이는 있을 수 있겠지요.

음, 그 말을 듣고 보니 사실상 우리가 서로 동의하는 것처럼 들리는군요.

딱히 그렇진 않아요.

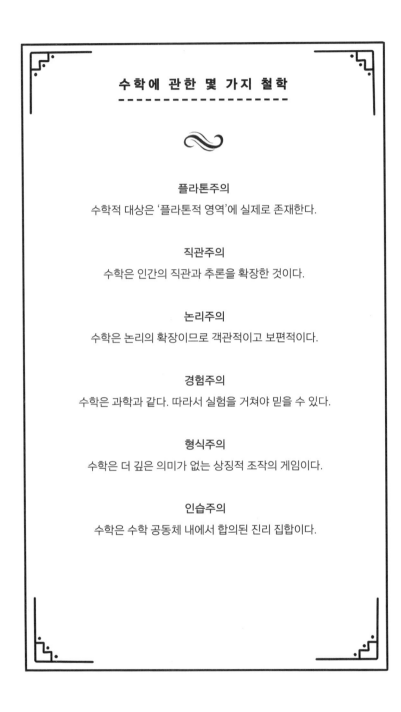

수학에 관한 몇 가지 철학

플라톤주의

수학적 대상은 '플라톤적 영역'에 실제로 존재한다.

직관주의

수학은 인간의 직관과 추론을 확장한 것이다.

논리주의

수학은 논리의 확장이므로 객관적이고 보편적이다.

경험주의

수학은 과학과 같다. 따라서 실험을 거쳐야 믿을 수 있다.

형식주의

수학은 더 깊은 의미가 없는 상징적 조작의 게임이다.

인습주의

수학은 수학 공동체 내에서 합의된 진리 집합이다.

논 리 퍼 즐

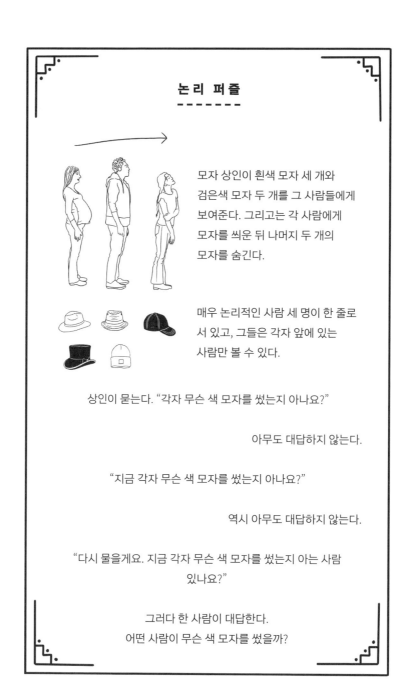

모자 상인이 흰색 모자 세 개와 검은색 모자 두 개를 그 사람들에게 보여준다. 그리고는 각 사람에게 모자를 씌운 뒤 나머지 두 개의 모자를 숨긴다.

매우 논리적인 사람 세 명이 한 줄로 서 있고, 그들은 각자 앞에 있는 사람만 볼 수 있다.

상인이 묻는다. "각자 무슨 색 모자를 썼는지 아나요?"

아무도 대답하지 않는다.

"지금 각자 무슨 색 모자를 썼는지 아나요?"

역시 아무도 대답하지 않는다.

"다시 물을게요. 지금 각자 무슨 색 모자를 썼는지 아는 사람 있나요?"

그러다 한 사람이 대답한다.
어떤 사람이 무슨 색 모자를 썼을까?

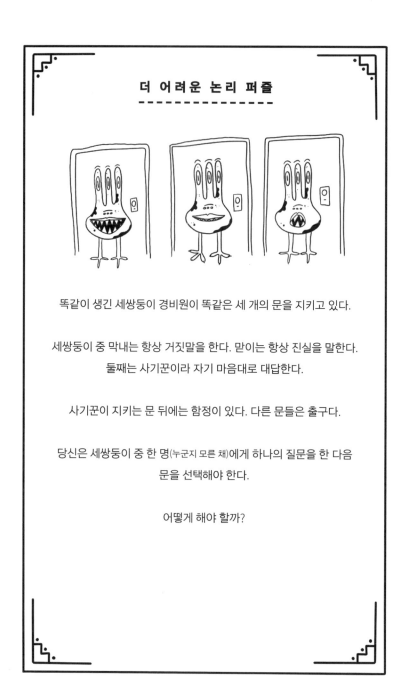

더 어려운 논리 퍼즐

똑같이 생긴 세쌍둥이 경비원이 똑같은 세 개의 문을 지키고 있다.

세쌍둥이 중 막내는 항상 거짓말을 한다. 맏이는 항상 진실을 말한다.
둘째는 사기꾼이라 자기 마음대로 대답한다.

사기꾼이 지키는 문 뒤에는 함정이 있다. 다른 문들은 출구다.

당신은 세쌍둥이 중 한 명(누군지 모른 채)에게 하나의 질문을 한 다음
문을 선택해야 한다.

어떻게 해야 할까?

모형화

Modeling

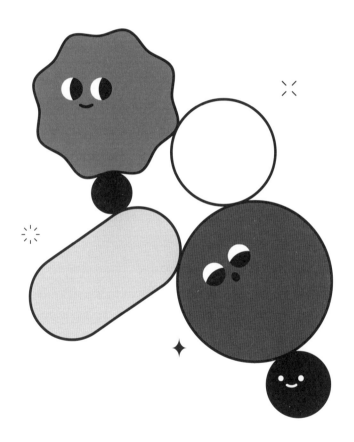

당신의 원성이 여기까지 들린다. 대체 이 책의 요점은 뭐냐는 거지? 공리, 이중 및 삼중 환원체, 연속체-합, 벽지 대칭 등. 왜 이런 이야기를 하는 걸까? 역사를 통틀어 전 세계에서 수학을 배우는 학생들의 신랄한 표현을 빌려보자.

수학은 실생활에서 언제 써먹을까?

   나는 이 질문을 직접 다루는 걸 요리조리 피해왔다(그리고 내가 이 질문을 언급하는 건 지금이 마지막이라고 약속한다). 수학 전문가들은 현실에서 응용되는 수학에 전혀 관심이 없기 때문이다. 현실에서의 수학은 **순수** 수학과 정반대인 **응용** 수학의 영역이다. '응용'이라는 단어만 봐도 어떤 의도인지 잘 알 수 있을 것이다. 하지만 우리는 이 책의 수많은 쪽수에 걸쳐 이미 순수 수학의 세 가지 주요 분야와 함께 짤막한 역사 및 철학을 죽 훑어봤다. 그래서 지금은 이 질문을 즐기며 응용 수학에 대해 한두 마디 나눠볼까 한다. '실생활' 수학은 엉뚱하고 산만하다고 여기는 수학 골수분자들에게 된통 혼날지라도.

특히 이 책의 마지막 장은 모형화에 관해 얘기한다. 모형화는 수학이 현실과 연결되는 방식을 알려준다. 물론 수학이 현실에 등장하는 방식은 많지만, 모형화는 그 모든 연결고리를 명확하게 보여주는 일반적인 틀이다. 수학과 현실 사이의 연결고리를 이야기하는 편리한 방법을 알려주므로 우리는 그 연결고리를 탐험하며 새로운 것을 배울 수 있다.

모형은 두 가지 구성 요소로 이루어져 있다. 우선 모형 자체가 작동하는 방식이 있다. 말하자면 추상적인 모형 세계 내의 작동 원리를 결정하는 수학적 내부 규칙의 집합이다. 그리고 (이 부분이 중요하다) 모형을 외부 세계와 다시 연결하는 일종의 변환 과정이 있다.

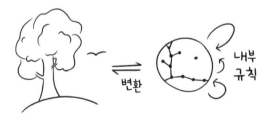

물론 나는 까다로운 세부 내용을 대충 훑고 넘어갔지만, 이런 대략적인 설명으로도 모형으로 뭘 할 수 있는지 보인다. 현실에서 뭘

가를 관찰하고, 그것을 모형 언어로 변환하고, 모형의 내부 규칙에 따라 새로운 진리를 추론하고, 그 진리를 다시 현실에서 변환할 수 있다. 다시 말해 허구적이고 수학적인 세계를 우회해 현실에 관한 것을 배울 수 있다. 이 과정이 무척 참신하다.

음악 이론을 예로 들어보자. 음악 이론은 음악이 움직이는 방식을 추상적으로 나타낸 모형이다. 현실 속 음악, 즉 공중을 맴도는 복잡하고 혼란스러운 진동 행렬을 음표와 화음이라는 상징체계로 변환한다. 음악 이론 안에는 어떤 음표가 어떤 화음과 어울리는지, 어떤 음표를 연속해야 긴장되거나 슬프거나 신나게 들릴지, 보통 어떤 음표를 어떤 화음이 따르는지에 대한 특정 규칙이나 지침이 있다. 이러한 규칙들이 모두 모형을 만든다. 우리는 현실을 간소화해 훨씬 수월하게 관리하고 분석하며 예측한다.

그렇다. 추상 모형으로 나타내면 세부 사항을 잃는다. 완벽한 변환이 아니다. 그리고 모형 세계는 현실과 동형이 아닐 것이다. 괜찮다. 만약 당신이 즉흥 연주를 한다면 보통 화음 진행, 리듬, 조 이름 정도만 알면 된다. 귀로 들어오는 선율을 샅샅이 분석하려 한다면 길을 잃고 절망할 게 뻔하다. 차라리 선율을 기본적인 것으로 확 줄이면 된다. 바로 추상화다. '음표'와 '화음'은 현실에서 만질 수 있는 실체가 아니다. 이 개념은 모형 세계에 살고 있고, 내부적인 참여 규칙이 있으며, 현실 속 소리에 다시 대응한다. 음표과 화음은 아주 쓸모 있는 이론적 구조물이다.

이게 바로 바람직한 모형의 핵심이다. 모형은 음표나 화음처럼 기본이지만 여전히 쓸모 있는 단위로 이끄는 영리한 축소 과정이다. 모형 내부에서 작업할 때 잠시 우리는 이러한 것들을 무너뜨릴 수 없는 고정된 행동 법칙을 가진 원자인 것처럼 생각한다. 엄밀히 말하면 이건 사실이 아니다. 음표는 사실 배음과 메아리 그리고 고막에 부딪히며 이리저리 튀어 오르는 울림을 뒤죽박죽 나타낸 것이다. 하지만 음표가 실제로 참인, 즉 음표가 진짜로 음표일 뿐인 작은 모형 세계를 만드는 게 유용하다면, 글쎄, 그게 무슨 해가 될까?

때로는 이러한 축소 과정이 다소 과할 때가 있다. 지나치게 단순화한 모형으로 현실의 결론을 끌어내려면 주의해야 한다. 사실과는 다른 가설, 심지어 누가 봐도 뻔한, 우스울 정도로 거짓인 가설을 세우는 게 편리할 때도 있다. 단순함과 유용함 사이에서 균형을 잘 이루면 된다. 오래된 농담이 하나 있다. 어떤 학자가 우유 생산을 늘리고 싶어 하는 낙농장을 도우려 전화를 걸었다. "해결책이 있어요. 구 모양의 소가 있다고 가정하면…."

경제학에서 나온 또 다른 모형 사례가 있다. 많은 사람이 사고 싶어 하는 제품이 있다고 하자. 핫소스를 예로 들어보겠다. 고추밭에 병충해 같은 일이 일어나 핫소스 생산량이 줄었다면, 결과는 불 보듯 뻔하다. 핫소스의 가격이 오를 것이다. 이러한 결과는 현실에서 곧잘 등장하는 규칙적인 패턴이므로 완벽한 모형을 제작하는 데 도움을 준다. 갑자기 어떤 제품이 부족해지면 그 가격은 오르기 마련이다.

물론 '가격'은 그저 숫자에 불과한 게 아니다. 핫소스를 어디서 사는지, 누가 파는지, 판매자의 비즈니스 모델은 어떻게 작동하는지, 심지어 그 판매자가 구매자를 얼마나 부유하게 생각하는지에 따라 다르다. 품귀 현상이 일어났을 때, 그 소식을 바로 듣지 못한 판매자들은 핫소스가 바닥날 때까지 원래 가격으로 계속 팔 수도 있다. 또는 품귀 현상이 일어난 줄 모르는 구매자들은 핫소스를 더 비싼 가격에 사려고 하지 않을 것이다. 특정 커뮤니티에서는 핫소스의 '정당한 가격'을 요구하며 가격을 대폭 인상한 판매자들을 배척할 수 있다. 자세히 살펴보면 가격보다 상상할 수 없을 만큼 훨씬 복잡한 뭔가가 시장을 좌지우지한다.

하지만 이 사례를 모형화할 때는 가격이 그저 숫자일 뿐이며 어디에서나 같다는 간단한 가설을 세울 수 있다. 또한 '수요 곡선'과 '공급 곡선'(편리한 모형화 작업을 위해 고안된 추상화)은 가격에 따라 핫소스를 정확히 얼마나 원하는지, 얼마나 생산될지를 알려주는 단순 함수라고 가정할 수 있다. 그리고 '경쟁 시장'(또 다른 추상화)에서는 모든 상품이 '균형 가격'(또 다른 추상화)으로 정착되리라 가정할 수 있다. 이러한 가정으로 세운 이론적인 세계에서, 우리는 균형 가격을 해결하고 실제 가격이 얼마가 될지에 대한 예측으로 다시 변환할 수 있다. 게다가 몇몇 경우를 보면, 이러한 수요공급 모형이 실제로 꽤 괜찮은 예측을 한다.

물론 어떤 가정을 하든 신중해야 한다. 신고전주의 경제학의 표준 가정에 따르면, 인간은 합리적인 행위자다. 우리는 태어날 때부터 한결같은 선호도가 있고, 가장 많은 임금을 받는 직업과 가장 저렴한 상품을 찾으며, 거의 모든 것에 대한 완벽한 정보를 갖춘다. 물론 이 중 대부분은 현실과 다르다. 그저 우리가 예측할 수 있게 해주는 단순화한 가정일 뿐이다. 만약 예측이 실현된다면, 대단한 일이다! 그 모형이 유용하다는 뜻이니까. 그렇다고 그 가정이 참이라는 뜻은 아니다. 인간이 합리적으로 행동하지 않는 방식은 너무나 많다. 우리는 지나치게 위험을 회피하고, 미래에 대한 계획을 잘 세우지 않고, 값비싼 것들로 부를 뽐내고, 사람을 차별하고, 자격이 훨씬 출중한 낯선 사람보다 친구나 가족에게 일자리를 주는 등 일일이 열거하기 힘들 정도다. 이러한 경우에 표준 모형을 적용하려고 하면 모형이 분해되어 예측이 잘못된다.

이것이 일반적인 모형화의 요점이다. 모형은 특정 범위 내에서만 작동한다. 한 분야(예를 들어 경제학)에서 좋은 예측을 위해 사용한 가정은 다른 분야(예를 들어 사회학)에서 좋은 예측을 위해 사용하는 가정과 완전히 다를 수 있다. 한 모형은 옳고 다른 모형은 틀렸다는 게 아니다. 단지 언제 어떤 모형을 사용해야 하는지 알아야 한다는 뜻이다. 만약 모든 맥락에서 작동하는 일관된 단일 모형을 갖고 있다면, 그 모형이 작동하지 않는 상황은 무시하거나 얕잡아 볼지도 모른다. 신성한 모형이란 없다.

한 가지 예를 더 들어보겠다. 영화를 감상하다가 내용이 절반쯤 지났을 때, 뒤에서 일어날 사건 대부분을 예측한 적이 있는지? 그랬다면 촉이 놀랍도록 뛰어난 것이다. 어떻게 하면 그런 미래를 예측할 수 있을까? 평생 영화를 보며 터득해온 '영화가 보통 어떻게 전개될지'에 관한 정신적 모형이 있어야 한다. 귀와 눈에 들어오는 정보의 흐름을 단순화해 각 픽셀을 인물이나 대화, 동기, 관계와 같은 추상적 단위로 바꿔야 한다. 그런 다음 몇몇 무언의 규칙을 적용하면 된다. "만약 등장인물들이 장전된 총을 보여준다면 영화가 끝나기 전 총살될 것이다" 또는 "대단히 인종차별주의자인 인물이라면 죽어 마땅한 벌을 받을 게 뻔하다" 또는 "마지막 20분을 남겨두고 두 연인은 성격 차이로 헤어지겠지만, 자기 실수를 깨달은 남자가 아주 근사하고 낭만적인 모습으로 여자를 찾아가 극적으로 재회하며 영원히 행복하게 살 것이다" 등등. 물론 이런 것들은 엄격한 수학적 규칙이 아니다. 그리고 예측이 매번 정확하지 않을 수도 있다. 하지만 자기만의 규칙을 적용하는 작업도 기본적인 모형화에 속한다. 누구나 머릿속으로 다양한 현실 상황과 비슷하게 적용할 수 있는 일련의 규칙을 만들고 있다.

게다가 정말로, 결국 이건 우리 머릿속에서 항상 일어나고 있는 일이다. 우리는 번쩍이는 섬광이나 소리로 주변 세계를 해석하지 않는다. 사물이나 실체, 분석 단위에 끼워 넣어 특정 방식으로 행동하리라 기대한다. 그래서 '자동차'로 분류하는 것과 '녹색 신호'로 분류하는 것을 보며 '**자동차는 녹색 신호일 때 계속 주행하지. 지금 길을 건너면 아마 차에 치일 거야**'라고 생각한다. 인간의 지각과 인식은 모두 패턴 인식에 관한 것이고, 패턴을 인식하려면 먼저 주변의 연속적이고 애매한 현실을 패턴화된 방식으로 행동할 만한 개별 대상으로 추상화해야 한다.

주목할 게 또 있다. 모형은 굳이 수학적이지 않아도 된다. 모형 세계의 내부 규칙은 '상극끼리 끌린다'라든지 '유유상종이다'처럼 대략적이고 질적일 수 있다. 오히려 이런 유형은 수학이 아닌 모형을 만드는 편이 훨씬 더 쉬울 것이다. 어쨌든 정확한 수치를 예측하는 모형은 잘못됨을 증명하기 매우 쉽다.

놀라운 건 우리 세계가 수학적 모형화를 매우 잘 이해한다는 것이다. 주변을 주의 깊게 살펴보면, 실제로 많은 것들이 수학으로 자기들의 행동을 설명해달라고 외치고 있다.

자, 어떤 작은 물건을 예로 들어보자. 열쇠가 괜찮겠다. 왼손으로 열쇠를 던져 오른손으로 잡아보라. 열쇠는 완벽한 포물선을 그리며 허공을 가로지른다. 당신이 어떻게 던지든 열쇠는 항상 포물선 경로를 따른다. 수학적 대상, 정확한 기하학적 모양이 현실에서 재현되는 것이다!

아니면 끈 한 개를 두 지점 사이에 매달아보자. 그러면 '현수선Catenary'이라 불리는 모양이 생긴다. 현수선은 '쌍곡 코사인'이라고 불리는 그래프와 똑 닮은 곡선이다. 전화선, 자연스럽게 늘어뜨린 목걸이, VIP 통로에 있는 붉은 벨벳 끈 등 재료에 상관없이 항상 같은 모양이 된다(그런데 현수선 공식은 연속 복리의 원리합계를 구하는 문제에서 등장하는 무리수 e를 포함한다. 그래서 끈이 매달린 방식을 설명하는 방정식에 있을 자격이 없다).

한 가지 모양이 더 있다. 이번 모양은 수학적 모형화와 조금 더 관련 있다. 삼각대에 카메라를 설치한 뒤 하늘을 가리킨다. 그리고 하루 중 사진 찍을 시간을 정한다. 똑같은 위치에서 다음 날, 그다음 날 같은 시간에 사진을 찍고, 1년 동안 매일 이 작업을 계속한다. 1년 동안 태양이 움직인 경로를 확인하면 '아날레마Analemma'라 불리는 수학적 모양을 그릴 것이다.

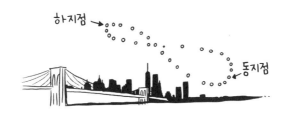

복잡한 모양의 예도 있다. 사실 간단한 수학적 모양은 주변에 워낙 흔해 우리가 거의 알아채지 못한다. 비누 거품을 불면 완벽한 구가 만들어진다. 연못에 조약돌을 떨어뜨리면 완벽한 원을 그리는 잔물결이 퍼져나갈 것이다. 이러한 예들은 그리 놀랍지 않지만, 그 배후에 어떤 수학적 논리가 작용하고 있다는 걸 암시한다.

자연에서 되풀이되는 기이한 수학적 현상은 물리적 모양을 훌쩍 뛰어넘는다. 사실 당연하게 여기지 말아야 할 또 다른 익숙한 예는 '종형 곡선Bell Curve'이다. 종형 곡선은 자연적으로 발생하는 데이터 집합에서 거의 모든 수치적 특성의 분포를 예측하는 공식이다. 예를 들어 미국 여성의 키 분포를 나타낸 아래 그래프를 보자.

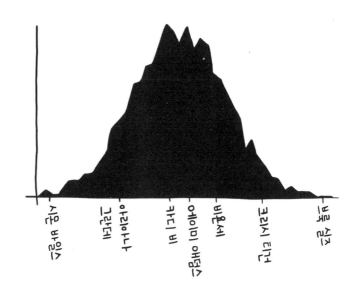

그리고 아래 그래프는 미국 사법 시험의 점수 분포를 나타낸다.

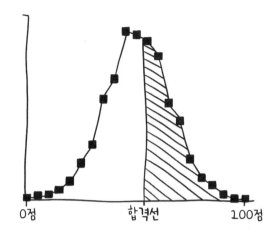

다음은 빌보드 1위 히트곡의 곡 길이 분포를 나타낸다.

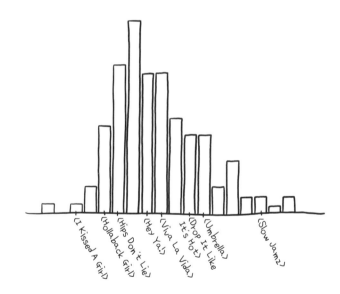

그리고 다음은 플링코 게임(핀이 무작위로 꽂힌 판을 기울여놓고 상단에

공을 놓아 하단의 어느 칸에 도착하는지 보는 게임-옮긴이)에서 공이 당첨 칸에

도달하는 경우의 분포를 나타낸 그래프다.

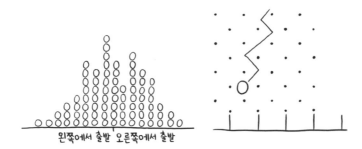

왼쪽에서 출발 오른쪽에서 출발

참! 매번 정확히 같은 모양을 그리지는 않는다. 공이 무작위로 떨어질 수도 있다. 하지만 대개 표본 크기가 클수록 매끄럽고 대칭적인 종형 곡선에 가까워진다(이 곡선의 방정식은 복리 계산식에 등장하는 수 e뿐 아니라 원의 지름에 대한 원주의 비율 π도 포함한다. 이제 슬슬 좀 거창한 농담처럼 들리지 않는지?).

이건 내게도 가장 끔찍한 일이다. 정확히 같은 공식이 완전히 다른 연구 분야에서, 비슷해 보이지도 않는 전혀 무관한 맥락에서 튀어나온다면 말이다. 예를 들어 유명한 중력 방정식은 거대한 두 물체의 질량을 알 때 그들 사이의 끌어당기는 힘을 알려준다.

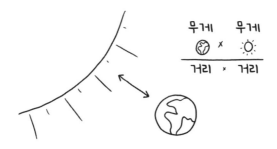

$$\frac{무게\ \oplus \times 무게\ \times}{거리\ \times\ 거리}$$

하지만 또한 미세한 입자의 전하를 알 때 그들 사이의 끌어당기거나 반발하는 힘도 알려준다.

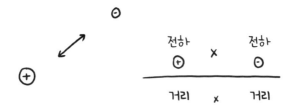

그리고 (마음을 단단히 먹자) 두 나라의 GDP(국내총생산)를 알 때 양국 사이의 무역량을 계산한 괜찮은 추정치까지 알려준다.

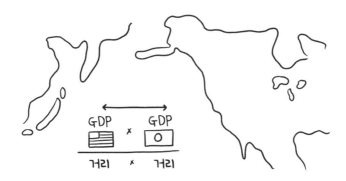

하지만 더 괜찮은 게 남아 있다. '단순 조화 운동Simple Harmonic Motion'으로 알려진 수학적 과정이다. 이 과정은 끌어당긴 끈의 진동, 1년 동안 낮의 길이*와 평균 온도, 포식자와 먹이 관계에 있는 종의 개체 수, 회전하는 원에서 한 지점의 높이, 조수의 수위 그리고 용수철의 압축 과정을 똑같이 나타낸다.

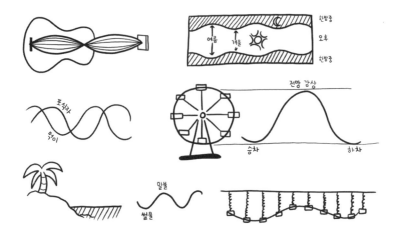

이게 대체 무슨 일일까? 기억하라. 모형을 만드는 우리의 목표는 우리가 관찰하는 것을 질서정연하게 요약할 수 있는 멋지고 편리한 체계를 찾는 데 써먹기 위해서다. 모형의 규칙은 엉성하든 정확하든 아무 형태나 될 수 있다. 하지만 어떤 이유에서인지, 몇 번이나 되풀이되며 수학적 규칙에 따라 가장 잘 모형화된 세상이 자꾸 눈에 띈다. 수학적 규칙은 놀랍도록 정밀하게 작동하며 때로는 여기저기서 반복되기도 한다.

역사상 수학은 거의 모든 경우에서 가장 처음 모습을 드러냈다. 순수 수학자들은 항상 흥미롭다고 여기는 건 무엇이든 연구해왔다. 하지만 대개는 수학의 새로운 영역이 확인되고 탐구된 지 수백 년이 지난 후에야 똑같은 수학적 개념과 결과를 요구하는 경험 과학의 새로운 영역이 등장한다는 것이다. 우리는 세상에 맞는 수학을 발명하는 게 아니다. 어떤 수학이 세상에 있는지 발견하고, 나중에 우리 세상이 수학과 정확히 똑같다는 사실을 깨닫는 것이다.

이를 어떻게 설명할 수 있을까? 세상은 왜 수학적 모형화에 그렇게 민감할까?

가장 솔직한 대답은 아무도 확실하게 알지 못한다는 것이다. 이 질문은 수학 철학자들 사이에서 공공연히 등장하는 논쟁의 화두이므로 나 역시 답을 아는 척하진 않을 것이다. 하지만 순수 수학계 내에 아주 인기 있음직한 한 가지 이론이 있다. 사람들은 굳이 이렇게까지 말하지 않겠지만, 나는 많은 사람이 그게 사실이라 믿고 있다고 자신 있게 말할 수 있다.

어쩌면 우리는 자연에서 수학적 패턴을 관찰할지도 모른다. **세상 자체가 수학으로 이루어져 있기 때문이다.** 어쩌면 우주는 본질적으로 수학적 성격을 띠고 있다. 그리고 우주의 수학적 행동을 완벽하게 설명하는 참 모형이 하나 있다.

툭 까놓고 말해보자. 그래, 말도 안 되는 소리다. 하지만 끝까지 들어보시라.

오토마타

어떻게 하면 수학으로 세상을 만들 수 있을까? 나라도 그 생각을 그럴듯하게 구현해보겠다.

수학으로 만든 세상은 전에도 본 적이 있을 것이다. 그 세상을 시뮬레이션이라고 한다. 물론 시뮬레이션은 대부분 그렇게 많은 일이 일어나지 않는, 깜찍할 만큼 작은 세상에 불과하다. 예측 가능한 행동을 하는 두 대상이 정해진 시나리오를 연출할 뿐이다. 예측할 수 없을 정도로 복잡하고 세세한 우리 세상과는 거리가 멀지만, 일단 우리는 어딘가에서 시작해야 한다.

수학자들은 컴퓨터가 생기기 훨씬 전에 시뮬레이션을 고안했다. 아주 간단한 시뮬레이션은 손으로도 구현할 수 있다. 그저 종이와 연필로 시간을 보내는 게임일 뿐이다. 보통 시뮬레이션 대신 '오토마톤'이라고도 하지만, 같은 개념이다. 모든 시뮬레이션은 작동원리에 대해 미리 정의된 규칙이 있다. 시작 설정을 선택하면 그다음 실행되는 상황을 확인할 수 있다.

여기 손으로도 수행할 수 있는 간단한 시뮬레이션이 있다. 이 세상은 여러 개의 칸으로 나뉜 1차선 도로다.

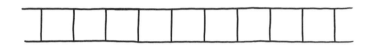

이곳의 유일한 물체는 자동차다. 자동차는 다음 동작 규칙에 따라 이동한다.

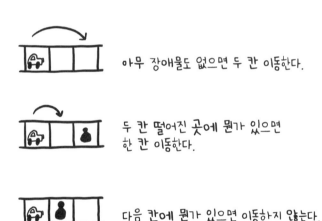

아무 장애물도 없으면 두 칸 이동한다.

두 칸 떨어진 곳에 뭔가 있으면 한 칸 이동한다.

다음 칸에 뭔가 있으면 이동하지 않는다.

만약 이 도로에 자동차 한 대를 놓고 '동작 단추를 누르면' 그다음 어떤 일이 일어날지 쉽게 추측할 수 있다.

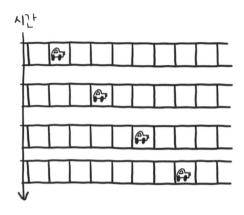

일렬로 서 있는 다섯 대의 자동차로 시작하면 어떻게 될까? 작업할 게 늘겠지만, 그리 많지는 않다. 각 자동차에 들려 이동 거리를 확인하고, 시간 단계별로 반복 확인한다. 말하자면 당신이 컴퓨터가 되어 기초 계산을 하는 것이다.

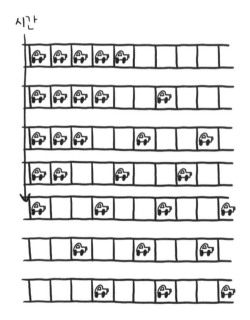

위의 예는 매우 기본적인 오토마톤(1차원적이고, 불연속적이고, 결정론적인)이지만, 이것만으로도 실제 상황을 충분히 재현할 수 있다. 예를 들어 한눈팔기 규칙을 추가할 수 있다.

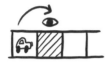

멍한 눈이 그려진 점을 지나면 한 칸 이동한다.

이제 무한히 늘어선 자동차들로 시작해보자. 두 칸씩 간격을 둔 자동차들이 멍한 눈이 그려진 점으로 접근한다.

시뮬레이션을 실행하면 어떻게 될까?

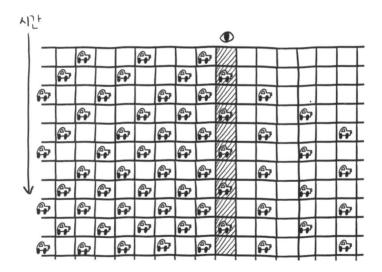

자동차 사고가 파급효과를 일으키며 뒤 차들의 속도를 늦추지만, 일단 통과하면 다시 순항속도로 돌아간다. 오토마톤은 마치 움직이는 모형, 생명을 불어넣은 모형과 같다.

혹시 마음 내키면, 내 작업을 확인해보라. 각 자동차는 네 가지 동작 규칙에 따라 시간 단계별로 이동한다. 또는 모눈종이에 직접 시뮬레이션을 다시 해보거나 새로운 시작 시나리오를 구성해 어떻게 진행되는지 확인해도 된다. 어떤 이들은 이런 유형의 시뮬레이션을 지루하다며 귀찮아하지만, 또 어떤 이들은 재밌고 유익하다고 생각한다.

이 같은 시뮬레이션은 여전히 '너무 단순해 현실과 동떨어진 방식'이라는 범주에 속한다. 그렇다. 우리는 몇 가지 기본 패턴을 재현할 수 있다. 하지만 실제 운전자들은 네 가지 상투적인 규칙보다 훨씬 더 복잡하다. 주의력이 산만하고 근육 경련도 있는 데다 각자 사정이 다르다. 게다가 우리가 진정한 만물의 모형화를 목표로 한다면, 우리는 도로 위 자동차들뿐만 아니라 하늘을 나는 새들, 엔진 휘도는 소리, 국제 정세, 몇몇 마을을 떠돌며 낮잠을 청하는 곡예사의 왼쪽 손바닥 혈관의 펌프질 등을 재현해야 한다. 자동차 사례와 같은 기본적인 오토마톤은 측정하지 않을 게 뻔하다.

괜찮다! 우리는 이제 막 몸을 푸는 중이니까. 이제 역사상 가장 유명한 오토마톤을 알아보겠다. 물론 우리 현실보다 훨씬 더 간단하지만, 몇 가지 행동으로 이 세상이 매우 복잡한 오토마톤이 될 수 있다는 걸 그럴듯하게 보여준다.

이번 게임은 적당히 '인생 게임'이라고 부르자.

자동차 예처럼, 이번 세상도 불연속적인 정사각형으로 이루어져 있다. 인생 게임의 세계는 사방으로 무한히 뻗은 2차원 바둑판이다. 각 칸에는 두 가지 상태가 있다. 켜짐 또는 꺼짐이다. 자동차 예와는 달리, 각 정사각형은 특정 현실 세계를 나타내지 않는다. 그냥 켜지거나 꺼질 수 있고, 검은색 또는 흰색이 될 수 있으며, 채워지거나 비어 있는 정사각형이다.

인생 게임의 진행 상황을 정하는 세 가지 규칙이 있다. 각 정사각형은 이웃한 여덟 개의 칸(대각선 포함)이 시간마다 어떻게 움직이는지 확인하며 다음 단계의 켜짐 또는 꺼짐을 결정한다.

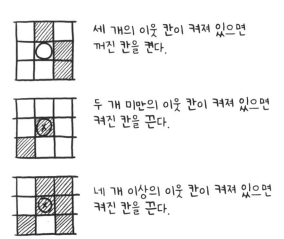

세 개의 이웃 칸이 켜져 있으면 꺼진 칸을 켠다.

두 개 미만의 이웃 칸이 켜져 있으면 켜진 칸을 끈다.

네 개 이상의 이웃 칸이 켜져 있으면 켜진 칸을 끈다.

이 오토마톤은 각 단계에 확인할 칸이 훨씬 많아 손으로 일일이 수행하기가 조금 어렵다. 하지만 이 작업을 체계적으로 정리할 일관된 표기법을 고안하면, 어떤 시작 설정에서도 시뮬레이션 실행 상황을 확인할 수 있다.

몇몇 배열은 안정적인 상태를 고수하며 그대로 쭉 유지된다.

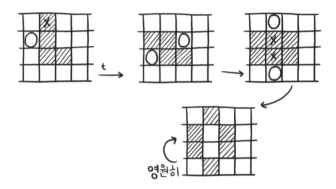

다른 칸들은 순식간에 아무것도 없는 상태로 바뀐다.

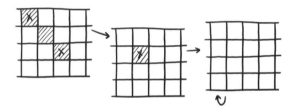

다른 칸들은 '깜빡이'가 되어 계속 꺼졌다 켜졌다 하며 두 가지 상태를 반복한다.

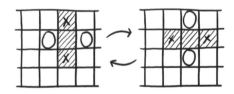

어떤 배열은 '글라이더'로, 초기 패턴 그대로 되돌아가지만 아래쪽 및 오른쪽으로 이동한다.

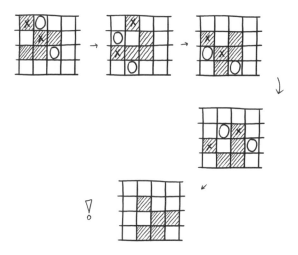

이러한 배열을 글라이더라고 한다. 여러 순환과정을 거치는 동안 바둑판을 무한히 가로지르며 미끄러지기 때문이다.

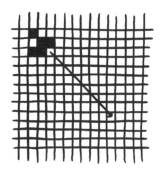

그리고 또 다른 배열은, 음….

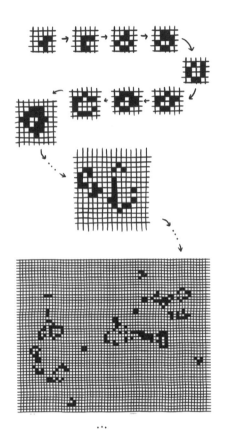

...

정사각형 다섯 개를 배열한 R-펜토미노는 각 정사각형이 요리조리 연결된 생태계로 급격히 늘어난다. 정물화와 깜빡이를 만들어내고, 글라이더를 발사하고, 점점 진화하고 성장하며 거대한 바둑판을 덮는다. 마침내 천 번의 시간 단계를 거치면 안정적이고 반복적인 패턴으로 정착하지만, 그 시간을 기다리는 동안에는 아주, 음, 살아 있는 것 같다(이때는 수작업을 권장하지 않는다).

이러한 패턴은 인생 게임에서 별로 흔하지 않다. 때로는 꽤 단순한 초기 패턴이 저절로 거대하고 혼란스러운 세계를 만들어낸다. 그리고 시간이 흐르는 동안 뻔하지 않은 흥미진진한 방법으로 착착 이동하며 서로 교류하다가 안정된 구조를 구축한다. 왠지 어디서 들어본 느낌이지 않은가?

일정한 간격으로 끝없이 이어지는 글라이더를 발사하며 무한 성장을 이끄는 시작 패턴이 있다. '로빈 경'이라 불리는 패턴은 체스 기사처럼 바둑판을 가로지르며 유유히 이동한다. 수백만 번의 시간 단계를 거치며 자로 잰 듯 정확하게 자기 패턴을 복제하는 '제미니'도 있다(물론 이러한 패턴을 사냥하듯 찾아내 올해의 패턴 상을 주는 열정적인 온라인 커뮤니티도 있다). 흑백 픽셀 위에서 일어나는 어떤 움직임을 상상하기만 해도 나름의 패턴이 있다.

아직도 오토마톤이 우리 세상을 구현하기에 너무 단순하다고 생각하시나? 틀린 생각은 아닐 것이다. 우리는 평평하고, 불연속적이고, 흑백으로 가득한 세상에 살지 않는다. 이 특별한 인생 게임은 그 단계와 규칙이 제멋대로인 데다, 현실을 반영하기 때문이 아니라 작업하기 쉬워 선택된 것이다. 하지만 우리는 원하는 어떤 규칙으로도 오토마톤을 만들 수 있다.

육각형 바둑판에서도 오토마톤을 만들 수 있다.

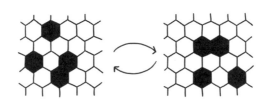

상태가 다른 정사각형이 두 개 이상이면 하나의 패턴을 만들 수 있다.

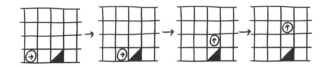

우리가 선택하는 규칙에 따라 이러한 허구의 세상은 엄청나게 다른 움직임을 보여준다. 몇몇 세상은 어떤 패턴에서 시작하든 순식간에 아무것도 없는 상태로 붕괴한다. 어떤 세상은 하나의 픽셀에서 빅뱅처럼 폭발한다.

픽셀로 만드는 세계가 마음에 들지 않더라도 걱정하지 마시라. 우리는 연속적인 단계에서 일어나는 오토마톤을 만들 수 있다. 이 게임의 규칙은 '이웃 수에 따라 켜지는 것'이 아니라 '주변 환경의 비율에 따라 켜지는 것'이다. 스무드라이프SmoothLife라 불리는 오토마톤은 마치 배양용 접시에서 일어나는 것처럼 소름 끼친다.

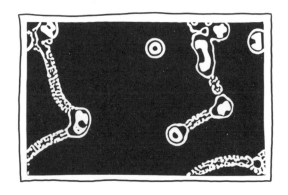

나는 오토마톤의 넓은 범주에서 한 예를 소개하고 있다. 하지만 선택지는 무한하다는 걸 명심하라. 세상을 설정할 차원과 공간을 선택하고, 기본 대상이나 칸의 모양을 결정한 후에도 적용할 수 있는 규칙 집합은 무한히 많다. 대상의 움직임과 진화는 연속적이거나 불연속적일 수 있고, 결정적이거나 불확실할 수 있으며, 지역적으로 결정되거나 일정 시간의 세상 전체 상태에 따라 영향을 받을 수 있다. 한 가지 규칙 안에서 한 가지 매개 변수를 살짝 바꾸는 것만으로도 놀랍도록 다양한 세상을 발견할 수 있다.

예를 들어, 크리스탈린Cyristalline이라고 불리는 또 다른 연속 오토마톤이 있다.

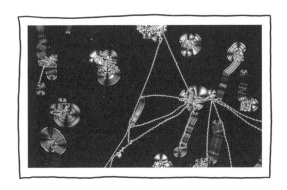

농담이다. 이건 오토마톤이 아니라, 현미경으로 찍은 실제 액정 사진이다.

그렇다면 음, **이런** 모양을 만드는 오토마톤이 있다는 건 말도 안 되는 일일까?

만약 내 말이 불쾌하다면, 이 단락이 현실 세계 버전의 '스포일러

주의'라고 생각하시라. 이 책의 마지막 장에서는 입자 물리학의 '표준 모형Standard Model'이라 불리는 특별한 오토마톤을 소개할 예정이다. 열일곱 개의 기본 대상과 약 열두 개의 진화 규칙이 있는 연속 3차원 오토마톤이다. 특정 시작 조건에서 재생 단추를 누르면, 음, 그다음에 벌어질 일이 꽤 섬뜩하다.

표준 모형은 지금껏 발견한 것 중 순전히 수학적인 관점에서 우리 세상을 재현하는 최고의 모형이다. 완벽하지 않지만, 마치 이상한 꿈의 현실 버전처럼 누가 봐도 소름 끼칠 만큼 비슷하다. 아니면, 종교에 따라 참신하고 더 높은 수준의 현실처럼 느껴져 일상생활이 기묘한 꿈속 같을지도 모른다.

이 모형을 보고 싶지 않다면(소스 코드를 엿보고 싶지 않은 건 지극히 합법적이니까) 지금 이 책을 내려놨으면 좋겠다. 진심이다. 그래도 난 절대 삐지지 않을 것이다! 부디 그동안 즐거우셨길, 몇 가지라도 배우셨기를 바란다. 책은 끝났다. 잘 가시라. 남은 나날을 즐겁게 보내길 바란다!

하지만 표준 모형을 **보고 싶다면**, 그 픽셀을 확대해 눈으로 직접 확인하길 원한다면, 계속 읽으시라. 마지막 장은 당신을 위한 것이다. 하지만 스스로 경고했다고 생각하시라. 내가 제안하는 내용은, 음, 아무리 **참**이라도, 꼭 필요하지는 않다. 하지만 사물을 보는 지나치게 유용한 방법 가운데 하나일 뿐이다.

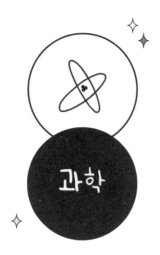

마지막 장에는 표준 모형이라고 부르는 수학 게임의 규칙이 있다. 완전히 고정된 규칙은 아니며, 사실 지금 살펴볼 모형이 정확하지 않다는 것도 알고 있다. 하지만 현실에 꽤 가까운 데다 게임의 규칙이 존재한다.

텅 비어 있는 3차원 공간으로 시작하겠다. 어떻게 생긴 공간이냐고? 확실치 않다. 잊지 마시라. 위상학자들은 어느 한 부분에 한정된 것처럼 보이는 3차원 공간의 전체 목록을 갖고 있다…. **바로 이 말줄임표처럼**. 우주론자들은 우주의 모양을 알아내고 싶어 직접 설정한 모형과 가설을 바탕으로 몇몇 연구를 해왔다. 하지만 우리 목적과별 상관없다. 우리는 기본적이고, 무한하고, 구부러지지 않은 3차원 공간을 연구하고 있다고 하자.

그래서 당신에게는 텅 비어 있는 넓은 공간이 있다. 그리고 그 공간의 어느 지점에서든, '입자'라고 하는 아주 작은 점을 배치할 수 있다. 연속적인 공간이므로 정말 어느 지점이든 괜찮다. 이 공간에는 정사각형 칸이 없다. 입자라 부르는 점들을 반짝거리는 아주 작은 천체라 생각하지 마시라. 말 그대로 그냥 점이다. 이 점들은 공간을 차지하지 않는다. 이들은 크기가 0인 수학적 점이다.

모든 입자가 다 똑같은 건 아니다. 성질이 살짝 달라 각각 움직이는 방법을 결정할 수 있다. 입자를 배치하면 '질량(양수)'과 '전하(양수, 음수 또는 0)'를 부여해야 한다. 아무 값이나 줄 수 없다. 질량과 전하를 부여할 수 있는 허용 조합은 열일곱 개에 불과하다. 우리는 이 조합을 열일곱 개의 기본 입자라 부르고, 각 조합에 '맵시 쿼크'나 '타우 중성미자'와 같은 귀여운 이름을 붙인다.

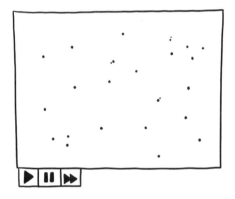

재생 단추를 누르면 입자들은 어떻게 될까? 입자들은 공간을 이리저리 움직이며 상호작용한다. 다른 오토마톤처럼, 각 입자가 그다음 무엇을 할지 알려주는 정확한 계산 규칙이 있다. 입자들은 보통 매우 빠르게 일직선으로 움직인다. 단 상호작용할 때는 예외다. 즉, 입자가 붕괴하거나 두 입자가 서로 아주 가까이 있을 때는 움직임이 달라진다. 그때는 상호작용에 관한 편리한 탐색표를 참조해 다음에 무슨 일이 일어날지 알아내야 한다. 상호작용하는 입자의 정체성에 따라, 서로 충돌하며 다른 방향으로 흩어지거나 단일 입자가 되려고 결합하거나(만약 입자들이 아주 빨리 서로에게 접근한다면) 새로운 입자를 뿜어낼 수도 있다.

혹시 궁금하다면, 표준 모형에 따른 모든 기본 입자의 상호작용 목록을 참고하시라.

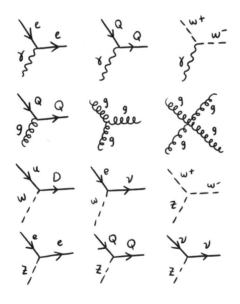

예를 들어 첫 번째 그림은 광자를 흡수한 뒤 방향을 바꾸는 전자를 나타낸다. 이러한 상호작용은 거꾸로 실행될 수도 있다. 전자도 광자를 방출한 뒤 방향을 바꿀 수 있다.

세부 사항을 속속들이 알 수 없지만, 선택의 여지가 별로 없다. 이 모형은 그저 정사각형을 일일이 확인하며 다음에 일어날 일을 가늠하는 인생 게임이 아니다. 솔직히 말하면 표준 모형의 입자 상호작용에 대한 정확한 규칙은 터무니없다. 이 모형의 계산 규칙에는 연속체 합, 허수, 결합 상수 그리고 물리학과 대학원생들이 전전긍긍하는 온갖 우스꽝스러운 수학이 포함된다. 체계적이지만, 깔끔하고 간단한 과정은 아니다.

시간과 비용을 절약하기 위해 간단히 설명해주겠다. 우주에 입자들을 흩뿌리고 시뮬레이션을 실행했을 때 확인할 수 있는 현상들은 대충 이렇다.

우선 먼저 엄청난 폭발이 한바탕 일어난다. 열일곱 개 입자들은 대부분 불안정해 거의 바로 붕괴 상호작용을 겪으며 더 작고 안정적인 입자로 쪼개진다. 초기 폭발 이후에 몇몇 다른 유형의 입자만 남는데, 눈여겨봐야 할 입자는 딱 세 가지다. 위 쿼크, 아래 쿼크, 전자다.

그다음 시간이 살금살금 흐르면 패턴이 나타난다. 그리고 쿼크 세 개가 뭉치는 모습이 목격된다. 표준 모형에 쿼크가 세 개로 뭉쳐야 한다는 법칙은 없지만, 그런 일이 일어난다. 쿼크 삼총사는 그렇게 서로 옹기종기 모여 있는 방식으로 상호작용한다. 인생 게임과 마찬가지로, 똑같은 기본 규칙을 반복 적용하면 시간이 지나면서 안정된 구조를 이루기 시작한다.

사실 이렇게 삼총사가 되려는 경향이 매우 강하다 보니 흥미진

진한 첫 폭발이 가라앉은 후에도 홀로 있는 쿼크는 거의 없다. 항상 세 개씩 뭉쳐 있다. 이따금 여섯 개나 아홉 개, 또는 3배수로 뭉치기도 한다. 하지만 단 세 개로 뭉친 쿼크가 대부분이다. 그러고는 함께 직선으로 비행한다. 이 시점에서 '쿼크'라는 단어는 더 이상 쓸모가 없다. 쓸데없는 말을 아끼려면 세 쿼크 덩어리를 한 단어로 부르는 게 낫다. 그래서 새로운 용어를 만든다. 위 쿼크 두 개와 아래 쿼크 한 개, 그게 '양성자'다. 위 쿼크 한 개에 아래 쿼크 두 개라면? 바로 '중성자'다.

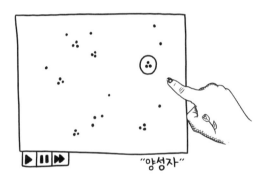

"양성자"

그럼 어떻게 될까? 상호작용 규칙에 따라 더 많은 패턴과 규칙성이 나타난다.

가만히 지켜보면 양전하와 음전하가 함께 표류하는 모습을 보다가 갑자기 사이가 멀어지는 모습도 발견한다. 다시 말하지만 이러한 움직임은 규칙에 없다. 이쪽 입자는 저쪽 입자의 전하를 '알지' 못한다. 입자들은 단지 주변에 있는 다른 입자들과 상호작용하며 그 입자들을 따라 방향을 바꾼다. 이 같은 경로 변경은 시간이 흐를

수록 심해지는 편이다. 양전하는 점차 음전하를 향해 움직이며 다른 양전하와는 멀어진다.

하지만 이 현상은 아주 천천히 일어나므로 시뮬레이션 속도를 높여보자. 이제 입자들의 느린 표류가 날카로운 예인선처럼 보인다. 전자(음전하)가 '양성자(순 양전하)' 쪽으로 빠르게 떨어진다. 전자는 가까워질수록 속도를 높이지만, 사실은 양성자 바로 옆을 지날 때 훨씬 빨라진다. 그러고는 멀리 쌩하고 지나가다 속도가 느려지고 양성자에게 뒤로 질질 끌려가고 나서야 완전히 방향을 바꾸며 다시 날아간다. 그리고 계속해서 양성자가 끌어당기는 주변에서 앞뒤로 윙윙거린다.

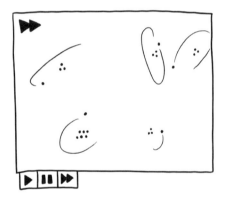

공간 곳곳에서 양성자와 전자가 서로를 찾을 때마다 이런 일이 일어난다. 매우 흔한 구조이므로 '양성자 주위 앞뒤로 윙윙거리는 전자'보다 더 짧은 이름을 붙이는 게 나을 것이다. '수소'라는 이름은 어떨까.

그리고 가끔 기억하시라. 그 입자는 여섯 개 또는 아홉 개 또는 그 이상의 쿼크 덩어리다. 이런 경우가 드물기는 해도 실제 일어나는 일이고, 덩어리가 클수록 훨씬 많은 전자를 궤도로 끌어당긴다. 우리는 덩어리가 지닌 총 전하량에 따라 이 작은 덩어리에 각각 '산소'나 '염소' 또는 '금' 같은 이름을 붙일 수 있다.

어쩌면 그다음 무슨 일이 일어날지 이미 눈치 챘을지도 모르겠다. 전자가 흐릿하게 보일 때까지 시계 속도를 더 높여보자. 그러면 전체 덩어리('원자'라고 하자)가 공간 속을 천천히 떠다니는 모습을 볼 수 있을 것이다. 때로는 서로를 지나치며 고요하게 표류하지만, 때로는 착 달라붙어 한 몸으로 표류하기 시작한다. 수소와 수소는 한 쌍으로 함께 떠다니는 걸 좋아하지만, 산소는 양쪽에 수소를 붙인 채 표류하는 걸 훨씬 좋아한다.

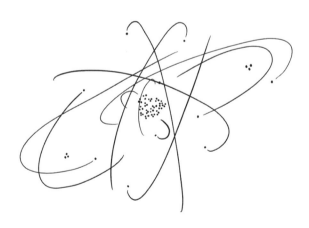

"물"

우리는 아직 새로운 규칙을 소개하지 않았다. 이 모습은 길고 긴 시간에 걸쳐 똑같은 시뮬레이션을 재생한 것이다. 우리가 어떤 '새로운' 현상을 관찰할 때마다 항상 기본 규칙의 관점에서 설명할 수 있다. 예를 들어 결합은 뭘까? 결합은 전자들이 상호작용 규칙을 따르는 것이다. 두 수소가 서로 가까이 있을 때, 그들의 전자는 두 양성자를 함께 잡고 자연스럽게 궤도를 돌기 시작한다. 화면을 확대하고 속도를 높이기만 하면 '수소는 한 쌍으로 움직인다'라는 새로운 규칙처럼 보인다.

앞으로 어떻게 진행될지 짐작하고 있을 것 같으니 바로 말하겠다. 이 새로운 거대 구조들, 즉 '분자' 역시 예측 가능한 방식으로 행동한다. 그리고 때때로 엄청나게 큰 거대 분자들, 말하자면 지방, 단백질, 지질, 리보핵산, 동물 플랑크톤 등을 만든다. 각각의 거대 분자는 고유의 특징과 행동을 지니고 있어 때로는 세포기관이라 불리는 더 큰 구조를 만들고, 서로 결합하며 훨씬 더 큰 구조, 즉 세포를 만든다(확대, 가속). 몇몇 세포들은 스스로 떨어져 있지만, 다른 세포들은 장기라고 하는 단위와 상호작용하고 장기는 다시 생물체라고 불리는 단위와 상호작용한다. 어떤 생물체들은 사회 집단이나 제도에서 함께 뭉쳐 계급이나 부족을 이루고, 각 계급이나 부족이 상호작용하여 사회 전체를 형성한다. 그리고 사회가 상호작용하면 역사가 된다. 그래서 내가 얘기할 수 있는 부분은 여기까지다.

왜냐하면 그냥 이야기이기 때문이다. 그렇지 않을까? 분명히 말하지만, 내가 여기서 우쭐대다가는 큰코다칠 게 뻔하다. 실제로 인간 사회나 심지어 기본적인 세포 구조를 만들어내는 물리 시뮬레이

선을 해본 사람은 아무도 없다. 대체 어떻게 할 수 있을까? 그건 불가능하다. 데이터를 보관할 대상의 수가 말 그대로 우주 속 입자 수나 다름없다. 따라서 공간이 넉넉하지 않다.

맞다. 이건 그냥 이야기일 뿐이다. 하지만 사실일지도 모른다! 적어도 이 이야기에는 사실적인 요소가 많다. 이 사슬의 각 단계는 매우 성공적인 과학 모형에서 추론된다. 화학자들은 물이 두 개의 수소와 산소로 이루어져 있다고 믿었고, 그 이론은 아직 잘못된 예측을 한 적이 없다. 행동 경제학자들은 사람들의 경제적 행동을 심리적, 신경학적 요인의 관점에서 설명할 수 있다고 생각한다. 마치 긴 이어달리기 경주처럼 각 연구 분야가 한 바퀴씩 돌며 바통을 이어받는다.

그래도 이 이야기가 전부는 아니라고 믿는 건 전적으로 타당하다. 우리의 이해가 서로 다를 수 있으므로 의심스럽다고 생각할지도 모른다. 아무도 인간의 행동이 뉴런 회로의 전기 섬광에서 어떻게 일어나는지 **정확히** 안다고 말할 수 없다. 인공지능은 그 생각을 그럴듯하게 구현하지만, 우리는 아직 엄밀한 역학관계를 알아내지 못했다. 어쩌면 이것을 빈틈이라 여기며 다른 어떤 일이 일어나고 있다고, 인간의 뇌 근처에서 첨가되는 어떤 비법이 있다고, 다만 그 비법을 쿼크와 전자의 상호작용으로 설명할 수 없을 뿐이라고 주장할지도 모른다.

하지만 내가 말했던 수학 지향적인 사람들은 대부분 이 이야기에 아주 가까운 뭔가가 대체로 참이라는 사실을 아는 것 같다. 그리고 그 빈틈은 흔히 있는 일이며 결국 채워지리라 믿는다. 별의 움직임, 지구상의 다양한 생명체, 자연재해와 날씨, 태양계 전체의 형성 등 이미 간단한 수학적 모형으로 설명된 것들이 많다. 어째서 나머지는 다르다고 생각해야 할까?

철학자들은 이러한 세계관을 '자연주의' 또는 '과학적 자연주의'라 부르고 있으므로 그 안에 함축된 의미를 생각해볼 만하다. 만약 이게 참이라면, 과학적 자연주의가 옳다면, 모든 현실은 엄격한 수학적 규칙을 따른다. 전 우주가 주의 깊게 조정한 일부 오토마톤과 같아야 한다. 당신의 내부는 말할 것도 없고, 주변에서 일어나는 모든 일이 자연의 법칙과 우주의 초기 구성을 더한 직접적인 수학적 결과물이다.

참 비현실적인 생각이다.

아무리 좋게 봐도 중요한 철학적 질문이 몇 가지 떠오른다. 만약 자연주의자 조직에 투자한다면, 다음 통근 시간 때 다음과 같은 세 가지가 궁금할 것이다.

수학적 규칙들, 진짜 자연의 법칙들이 실제로 존재하고 어떻게든 우주의 진보를 지배하고 있을까? 아니면 우주는 그저 설명될 수 없는 사실로 존재하며 시간에 따라 변하는 것일까? 그렇다면 이러한 수학적 '규칙'은 우리가 그 안에서 발견한 패턴에 불과한 것일까?

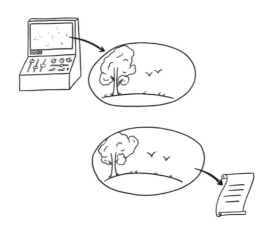

어느 경우든, 왜 **이런** 규칙들이 있을까? 규칙들은 아주 기이한 데다 제멋대로인 것처럼 보인다. 왜 이 우주는 존재해야 하고 다른 우주가 아니어야 할까? 상상할 수 있는 모든 수학적 우주가 이 우주와 같은 방식으로 존재할까? 아니면 우리가 좀 특별하고 독특해서 즉흥적이고, 구체적이고, 현실적일 수 있는 모든 세상 중에서 선택된 것일까?

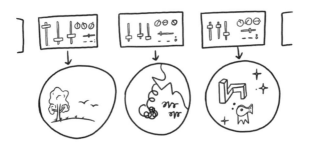

물론 이 모든 게 단지 수학적 규칙일 뿐이라도, 우리가 본질적으로 하나의 거대하고, 매우 복잡한 시뮬레이션에서 산다고 해도, 아주 오래된 중요한 질문은 여전히 답을 찾지 못하고 있다. 그 프로그래밍에 어떤 목적이나 설계, 계획, 지성, 예지력, 욕망, 따뜻함 또는 보살핌이 있을까?

나는 우리가 이 질문들의 답을 곧 찾을 수 있을지 의심스럽다. 게다가 그 질문들은 표준적 의미의 '답'조차 없을지도 모른다. 결국 우리가 가진 건 직접 고안한 모형뿐이다. 게다가 각 모형은 특정 범위에 한정되어 있다.

표준 모형은 음악 이론이나 경제학보다 더 높은 목표가 있는 게 분명하다. 소수 열째 자리가 넘는 정밀도로 수치 예측을 하고 반복 실험을 통해 그 예측을 구현한다. 자연에서 관찰할 수 있는 거의 모든 현상을 일관되게 설명하고, 다른 모형이 건네주는 다양한 그림을 수집하고 심화한다. 그리고 통통 튀는 수없이 작은 점으로 현실을 통찰하는 포괄적인 이야기를 들려주면 사람들은 아름다움과 겸허함, 심지어 경외심까지 느낀다.

하지만 그게 전부는 아니다. 사각지대가 있다. 무슨 말인가 하면, 현재의 표준 모형은 중력도 설명해주지 않는다!(끈 이론가들은 이 난처한 실수를 바로잡으려고 열심히 연구하고 있다)

어쩌면 우리가 현실을 아주 가깝게 반영하는 수학적 대상을 찾을 수 있다는 건 놀라운 일이 아닐지도 모른다. 이론 수학의 궁극적인 목적은 모든 가능한 모형, 모든 가능한 구조, 형태, 시스템, 모든 형태의 논리와 주장을 한 지붕 아래에서 수집하고 분석하는 것이다. 상상할 수 있거나 상상할 수 없는 모든 **대상**을 공통의 언어, 하나의 보편적인 표기법과 기술력으로 바꾸려 한다. 척 봐도 터무니없고 불가능해 보이는 프로젝트다. 일상의 현상을 설명하고 예측하는 데 꾸준히 성공했다는 건 아무리 봐도 이해할 수 없는 기이한 축복이다.

정말 흥미진진한 생각거리가 아닌가?

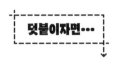

37쪽

우리는 옹골 다양체Compact Manifolds와 비옹골 다양체Non-compact Manifolds를 구별해야 한다. 여기서는 비옹골 다양체인 평면 다양체를 제외한 종이 모양 옹골 다양체 목록만 전부 소개한다. 참고로 비옹골 다양체는 무한 원기둥 같은 무한 다양체, 마치 외곽의 원이 삭제된 디스크처럼 '열린' 경계를 가진 다양체, 유한한 크기의 무한한 구멍이 있는 원환체처럼 이상한 다양체를 포함한다.

77쪽

유한한 길이를 갖는 연속체의 두 끝점은 아무 점과도 짝을 이루지 않는다. 그래서 실제로는 완벽한 짝짓기가 아니다. 대신 유한 연속체가 적어도 무한 연속체만큼 크다는 사실을 보여준다. 하지만 무한 연속체는 적어도 유한 연속체만큼 큰 게 확실하므로 두 연속체의 크기는 같아야 한다.

84쪽

이 명명 체계는 약간 문제가 있다. LRRRR…과 RLLLL…은 모두 연속체의 같은 점(중간 점)을 가리킨다. 사실 완벽한 이등분점, 사등분점, 팔등분점 등을 포함하면 모든 점에 두 개의 이름이 있을 것이다. 따라서 연속체에 있는 점의 개수가 LR 주소의 개수와 같은지는 알 수 없다. 더 적을 수도 있다.

적어도 LR 주소만큼 점이 있다는 걸 증명하려면, 다른 명명 체계를 고려하라. 절반이 아닌 3등분으로 나눠 왼쪽은 L, 중간은 M, 오른쪽은 R로 표시한다. 각 LR 주소가 새로운 명명 체계로 계속 바뀌면 이번에는 이름이 겹치지 않는다(예: LRRRRR…을 바꾼 이름은 MLLLLL…로, LR 주소가 아니다). 따라서 적어도 LR 주소만큼 무수히 많은 점이 있다.

97쪽 (위상적으로 말하면) 구처럼 생긴 모든 그릇을 말한다. 예를 들어 도넛 모양의 그릇에는 고정점이 없어도 흐름이 있을 수 있다. 이 정리는 모든 차원에서 참이다.

132쪽 또한 어떠한 '반복 순환'도 없다. 이 증명은 같은 위치 사이를 양자가 끝없이 왔다 갔다 하는 방법이 없을 때만 통한다. 수많은 게임에 '반복 무승부' 규칙이 있는데, 그때 이 정리가 적용된다.

150쪽 하지만 실제로 소수에 대한 사실을 증명하려면, 정확한 '소수'의 뜻을 정의하는 몇 가지 공리를 추가해야 한다. 이들은 그저 다섯 개의 기본 공리일 뿐이고, 사용하려는 새로운 개념마다 더 많은 공리가 필요할 것이다.

207쪽 하루의 길이가 정확히 단순 조화 운동은 아니지만, 매우 가까운 근사치다. 적도에서 멀어질수록 더 중요해지는 작은 오차항$_{Error\ Term}$이 생긴다. 북극과 남극에서는 근사치는 완전히 무너져 태양은 한 번에 몇 달 동안 지평선을 돈다.

228쪽 이 모형의 핵심 요소는 생략하겠다. 이 규칙들이 실제 적용되면, 전자는 점차 에너지를 잃고 핵으로 떨어질 것이다. 실제 표준 모형에는 이러한 현상을 막는 최소의 '양자' 에너지가 있다.

숫자 없는 수학책

초판 1쇄 발행일 2021년 9월 20일
초판 2쇄 발행일 2021년 12월 20일

지은이 마일로 베크먼
옮긴이 고유경

발행인 박헌용, 윤호권
편집 최안나
발행처 ㈜시공사 **주소** 서울시 성동구 상원1길 22, 6-8층(우편번호 04779)
대표전화 02-3486-6877 **팩스(주문)** 02-585-1755
홈페이지 www.sigongsa.com / www.sigongjunior.com

이 책의 출판권은 ㈜시공사에 있습니다. 저작권법에 의해
한국 내에서 보호받는 저작물이므로 무단 전재와 무단 복제를 금합니다.

ISBN 979-11-6579-709-6 03410

*시공사는 시공간을 넘는 무한한 콘텐츠 세상을 만듭니다.
*시공사는 더 나은 내일을 함께 만들 여러분의 소중한 의견을 기다립니다.
*잘못 만들어진 책은 구입하신 곳에서 바꾸어 드립니다.